布鞋类式样

胶鞋类式样

塑料鞋类式样

鞋楦造型

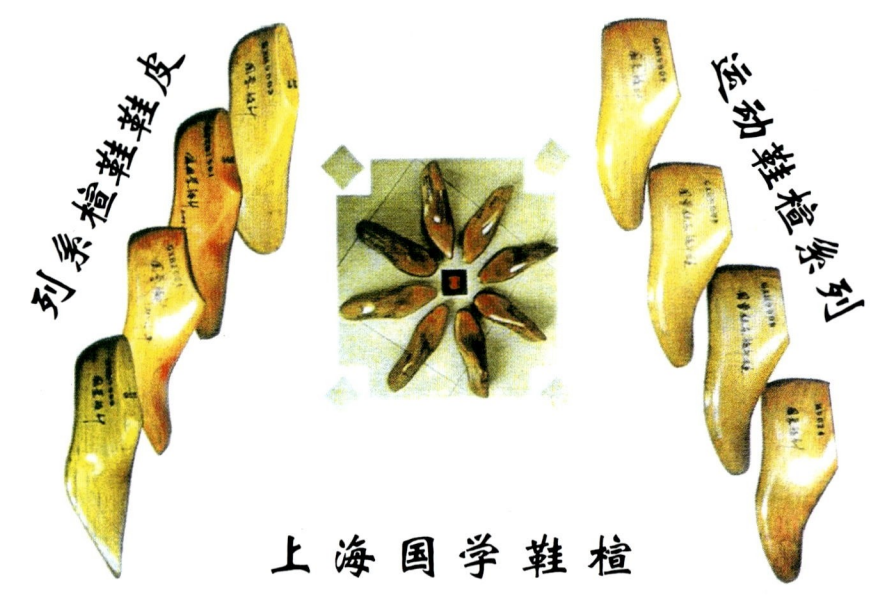

皮鞋楦楦系列　　运动鞋楦系列

上海国学鞋楦

小圆头楦

小方头楦

圆头楦

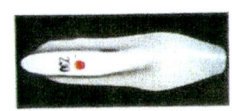
方头楦

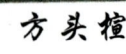

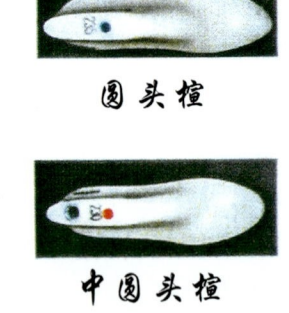

中圆头楦

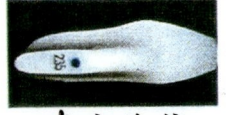
中方头楦

大圆头楦

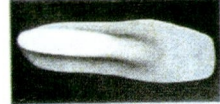
大方头楦

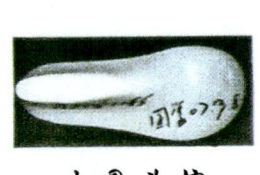

用于国家职业技能鉴定

国家职业资格培训教程

GUOJIA ZHIYE ZIGE PEIXUN JIAOCHENG　　YONGYU GUOJIA ZHIYE JINENG JIANDING

鞋类设计师

（基础知识）

编审委员会

主　任	刘　康				
副主任	张亚男				
委　员	邢德海	孟　琪	李玉中	徐达宇	郑莱毅
	卞　勇	单燕玲	陈念慧	陈国学	张筱其
	雷金波	李　虹	易东初	周津淼	沙民生
	施　凯	于百计	李　岩	赵碎浪	耿丽红
	杨　成	吴卫华	翟晶晶	彭海蓉	黄兴茂
	李再冉	周　斌	庞　凯	肖若锡	陈　巧
	雷明智	何凯英	李福民	卫亚菲	陈莎莎
	聂　博	卞小云	陈　蕾	张　伟	

编审人员

主　编　邢德海
副主编　单燕玲　陈念慧　陈国学
编　者　于百计　李　岩　赵碎浪
审　稿　陈莎莎

中国劳动社会保障出版社

图书在版编目(CIP)数据

鞋类设计师.基础知识/中国就业培训技术指导中心组织编写.—北京:中国劳动社会保障出版社,2011
国家职业资格培训教程
ISBN 978-7-5045-9197-5

Ⅰ.①鞋… Ⅱ.①中… Ⅲ.①鞋-设计-技术培训-教材 Ⅳ.①TS943.2

中国版本图书馆 CIP 数据核字(2011)第 177905 号

中国劳动社会保障出版社出版发行
(北京市惠新东街1号 邮政编码:100029)
出版人:张梦欣

*

北京市艺辉印刷有限公司印刷装订 新华书店经销
787 毫米×1092 毫米 16 开本 14 印张 2 彩插页 242 千字
2011 年 9 月第 1 版 2011 年 9 月第 1 次印刷
定价:31.00 元

读者服务部电话:010-64929211/64921644/84643933
发行部电话:010-64961894
出版社网址:http://www.class.com.cn

版权专有 侵权必究
举报电话:010-64954652
如有印装差错,请与本社联系调换:010-80497374

前　言

为推动鞋类设计师职业培训和职业技能鉴定工作的开展，在鞋类设计师从业人员中推行国家职业资格证书制度，中国就业培训技术指导中心在完成《国家职业标准·鞋类设计师》（试行）（以下简称《标准》）制定工作的基础上，组织参加《标准》编写和审定的专家及其他有关专家，编写了鞋类设计师国家职业资格培训系列教程。

鞋类设计师国家职业资格培训系列教程紧贴《标准》要求，内容上体现"以职业活动为导向、以职业能力为核心"的指导思想，突出职业资格培训特色；结构上针对鞋类设计师职业活动领域，按照职业功能模块分级别编写。

鞋类设计师国家职业资格培训系列教程共包括《鞋类设计师（基础知识）》《鞋类设计师（国家职业资格三级）》《鞋类设计师（国家职业资格二级）》《鞋类设计师（国家职业资格一级）》4本。《鞋类设计师（基础知识）》内容涵盖《标准》的"基本要求"，是各级别鞋类设计师均需掌握的基础知识；其他各级别教程的章对应于《标准》的"职业功能"，节对应于《标准》的"工作内容"，节中阐述的内容对应于《标准》的"能力要求"和"相关知识"。

本书是鞋类设计师国家职业资格培训系列教程中的一本，适用于对各级别鞋类设计师的职业资格培训，是国家职业技能鉴定推荐辅导用书，也是各级别鞋类设计师职业技能鉴定国家题库命题的直接依据。

本书在编写过程中得到中国皮革协会、中国轻工业职业技能鉴定指导中心、北京环境与艺术学校、湖南科技职业学院、康奈集团、邢台职业技术学院、上海国学鞋楦设计有限公司、双星集团有限责任公司、福建石狮市福盛鞋业有限公司、《北京皮革》杂志编辑部、北京老字号"内联陞"鞋店湖南东方鞋业有限公司、深圳耀群事业有限公司、广东东莞博励图鞋业有限公司等单位的大力支持与协助，在此一并表示衷心的感谢。

中国就业培训技术指导中心

目录

CONTENTS 国家职业资格培训教程

第一章 职业道德 ……………………………………（1）

　第一节　职业道德基本知识 ……………………………（1）

　第二节　鞋类设计师的职业守则 ………………………（6）

　第三节　职业资格基本知识 ……………………………（7）

第二章 鞋类设计基础知识 …………………………（9）

　第一节　鞋类的起源及发展概述 ………………………（9）

　第二节　鞋类设计分类 …………………………………（11）

　第三节　鞋的分类 ………………………………………（13）

　第四节　鞋的基本结构和部件 …………………………（21）

第三章 脚型、鞋号与楦型的基本知识 ……………（26）

　第一节　脚型 ……………………………………………（26）

　第二节　脚型测量 ………………………………………（35）

　第三节　脚型规律 ………………………………………（41）

　第四节　鞋号 ……………………………………………（45）

　第五节　楦型 ……………………………………………（54）

　第六节　脚型与楦型间的关系 …………………………（65）

第四章 鞋类设计及制造主要工具、设备 …………（73）

　第一节　鞋楦生产机械 …………………………………（73）

　第二节　零部件加工机械 ………………………………（74）

第三节　零部件装配机械……………………………………（81）
第四节　成型工艺机械………………………………………（86）

第五章　制鞋材料知识…………………………………………（93）
第一节　主料种类……………………………………………（93）
第二节　鞋用辅料种类………………………………………（129）

第六章　鞋类造型设计相关美术知识…………………………（145）
第一节　基础素描……………………………………………（145）
第二节　图案知识……………………………………………（149）
第三节　色彩基础……………………………………………（158）
第四节　平面构成基础………………………………………（167）
第五节　鞋类效果图基础……………………………………（174）

第七章　安全生产与环境保护知识……………………………（185）
第一节　安全生产知识………………………………………（185）
第二节　劳动保护知识………………………………………（186）
第三节　环境保护知识………………………………………（187）

第八章　质量管理知识…………………………………………（189）
第一节　制鞋行业质量管理的特点…………………………（189）
第二节　制鞋行业质量管理体系概述………………………（199）

第九章　相关法律、法规知识…………………………………（201）
第一节　《中华人民共和国劳动法》相关知识………………（201）
第二节　《中华人民共和国劳动合同法》相关知识…………（205）
第三节　《中华人民共和国专利法》相关知识………………（209）
第四节　《中华人民共和国商标法》相关知识………………（214）

参考文献……………………………………………………………（216）

第一章 职业道德

第一节 职业道德基本知识

一、道德

道德是一个庞大的体系，职业道德是这个庞大体系中的一个重要组成部分，也是劳动者素质结构中的重要组成部分。职业道德与劳动者素质之间关系紧密，加强职业道德建设，有利于促进良好社会风气的形成，增强人们的社会公德意识。同样，人们社会公德意识的增强，又能进一步促进职业道德建设，引导劳动者的思想和行为朝着正确的方向前进，促进社会文明水平的全面提高。

马克思主义伦理学认为，道德是人类社会特有的，由社会经济关系决定的，依靠内心信念、社会舆论、风俗习惯等方式来调整人与人之间、人与社会之间以及人与自然之间关系的特殊行为规范的总和。

道德包括三层含义。第一，道德的性质、内容是由社会生产方式、经济关系（即物质利益关系）决定的，也就是说，有什么样的生产方式、经济关系，就有什么样的道德体系。第二，道德是以善与恶、好与坏、偏私与公正等作为标准来调整人们之间行为的。一方面，道德作为标准，影响人们的价值取向和行为模式；另一方面，道德也是人们对行为选择、关系调整做出善恶判断的评价标准。第三，道德不是由专门机构来制定和强制执行的，而是依靠社会舆论和人们的内心信念、传统思想和教育的力量来调节的。根据马克思主义理论，道德属于社会上层建筑领域，是一种特殊的社会现象。

根据道德的表现形式，通常把道德分为家庭美德、社会公德和职业道德。社会某一特定职业的从业者，要结合自身实际，加强职业道德修养，承担职业道德责任。同时，作为社会和家庭的重要成员，从业者要加强社会公德、家庭美德修养，承担起应尽的社会责任和家庭责任。

二、职业道德

1. 职业道德的内涵

职业道德是从事一定职业的人们在职业活动中应该遵循的，依靠社会舆论、传统习惯和内心信念来维持的行为规范的总和。它调节从业者与服务对象之间、从业者之间、从业者与职业之间的关系。它是职业或行业范围内的特殊要求，是社会道德在职业领域的具体体现。

2. 职业道德的基本要素

（1）职业理想

职业理想指人们对职业活动目标的追求和向往，是人们的世界观、人生观、价值观在职业活动中的集中体现。它是形成职业态度的基础，是实现职业目标的精神动力。

（2）职业态度

职业态度是人们在一定社会环境的影响下，通过职业活动和自身体验所形成的，对岗位工作的一种相对稳定的劳动态度和心理倾向。它是从业者精神境界、职业道德素质和劳动态度的重要体现。

（3）职业义务

职业义务是人们在职业活动中自觉地履行对他人、社会应尽的职业责任。我国的每一个从业者都有维护国家、集体利益，为人民服务的职业义务。

（4）职业纪律

职业纪律是从业者在岗位工作中必须遵守的规章、制度、条例等职业行为规范。例如，公务员必须廉洁奉公、甘当公仆，公安、司法人员必须秉公执法、铁面无私等。这些规定和纪律要求都是从业者做好本职工作的必要条件。

（5）职业良心

职业良心是从业者在履行职业义务中所形成的对职业责任的自觉意识和自我评价活动。人们所从事的职业和岗位不同，其职业良心的表现形式也往往不同。例如，商业人员的职业良心是"诚实无欺"，医生的职业良心是"治病救人"，从业者能做到这些,良心就会得到安宁;反之,内心则会产生不安和愧疚感。

(6)职业荣誉

职业荣誉是指社会对从业者职业道德活动的价值所做出的褒奖和肯定评价,以及从业者在主观认识上对自己职业道德活动的一种自尊、自爱的荣辱意向。当一个从业者职业行为的社会价值赢得社会公认时,就会由此产生荣誉感;反之,就会产生耻辱感。

(7)职业作风

职业作风是从业者在职业活动中表现出来的相对稳定的工作态度和职业风范。从业者在职业岗位中表现出来的尽职尽责、诚实守信、奋力拼搏、艰苦奋斗等作风,都属于职业作风。职业作风是一种无形的精神力量,对从业者所从事事业的成功具有重要作用。

3. 职业道德的特征

职业道德作为职业行为的准则之一,与其他职业行为准则相比,体现出以下六个特征。

(1)鲜明的行业性

行业之间存在差异,各行各业都有特殊的职业道德要求。例如,商业领域对从业者的职业道德要求是"买卖公平,童叟无欺",会计行业的职业道德要求是"不做假账",驾驶员的职业道德要求是"遵守交规、文明行车"等,这些都是职业道德行业性特征的表现。

(2)适用范围上的有限性

一方面,职业道德一般只适用于从业者的岗位活动;另一方面,不同的职业道德之间也有共同的特征和要求,存在共通的内容,如敬业、诚信、互助等,但在某一特定行业和具体的岗位上,必须有与该行业、该岗位相适应的具体的职业道德规范。这些特定的规范只在特定的职业范围内起作用,只能对从事该行业和该岗位的从业者具有指导和规范作用,而不能对其他行业和岗位的从业者起作用。例如,律师的职业道德要求他们必须努力为其当事人进行辩护,而警察则要尽力去搜寻犯罪嫌疑人的犯罪证据。可见职业道德的适用范围不是普遍的,而是特定的、有限的。

(3)表现形式的多样性

职业领域的多样性决定了职业道德表现形式的多样性。随着社会经济的高速发展,社会分工越来越细、越来越专,职业道德的内容也必然千差万别;各行各业为适应本行业的行业公约、规章制度、员工守则、岗位职责等要求,都会将职业道德的基本要求规范化、具体化,使职业道德的具体规范和要求呈现出多样性。

(4) 一定的强制性

职业道德除了通过社会舆论和从业者的内心信念来对其职业行为进行调节外，它与职业责任和职业纪律也紧密相连。职业纪律属于职业道德的范畴，当从业者违反了具有一定法律效力的职业章程、职业合同、职业责任、操作规程等，给企业和社会带来损失和危害时，职业道德就将用其具体的评价标准，对违规者进行处罚，轻则受到经济和纪律处罚，重则移交司法机关，由法律来进行制裁，这就是职业道德强制性的表现所在。但在这里需要注意的是，职业道德本身并不存在强制性，而是其总体要求与职业纪律、行业法规具有重叠内容，一旦从业者违背了这些纪律和法规，除了受到职业道德的谴责外，还要受到纪律和法律的处罚。

(5) 相对稳定性

职业一般处于相对稳定的状态，这就决定了反映职业要求的职业道德必然处于相对稳定的状态。例如，商业行业"童叟无欺"的职业道德，医务行业"救死扶伤、治病救人"的职业道德等，千百年来被从事相关行业的人们所传承和遵守。

(6) 利益相关性

职业道德与物质利益具有一定的关联性。利益是道德的基础，各种职业道德规范及表现状况，关系到从业者的利益。对于爱岗敬业的员工，工作单位不仅应该给予精神方面的鼓励，也应该给予物质方面的褒奖；相反，违背职业道德、漠视工作的员工则会受到批评，严重者还会受到纪律的处罚。一般情况下，当企业将职业道德规范，如爱岗敬业、诚实守信、团结互助、勤劳节俭等纳入企业管理时，都要将它与行业自身的特点、要求紧密结合在一起，变成更加具体、明确、严格的岗位责任或岗位要求，并制定出相应的奖励和处罚措施，与从业者的物质利益挂钩，强调责、权、利的有机统一，便于监督、检查、评估，以促进从业者更好地履行自己的职业责任和义务。

4. 职业道德基本规范

(1) 爱岗敬业

爱岗敬业作为最基本的职业道德规范，是对人们工作态度的一种普遍要求，是中华民族传统美德和现代企业发展的要求。爱岗就是热爱自己的工作岗位，热爱本职工作；敬业就是要用一种恭敬严肃的态度对待本职工作。

(2) 诚实守信

诚实守信是做人的基本准则，也是社会道德和职业道德的一个基本规范。它在中国传统儒家伦理中，被视为"立政之本""立人之本""进德修业之本"。

诚，就是真实不欺；信，就是真心实意地遵守履行诺言；诚实守信，就是指真实无欺、遵守承诺和契约的品德及行为。诚实守信的具体要求是：忠诚所属企业，维护企业信誉，保守企业秘密。

(3) 办事公道

办事公道是指对人和事的一种态度，也是千百年来为人们所称道的职业道德。

公道就是处理事情坚持原则，不偏袒任何一方。办事公道强调在职业活动中应遵从公平与公正的原则，做到不计较个人得失、做事光明磊落。

(4) 服务群众

服务群众就是为人民群众服务。在社会生活中，人人都是服务对象，人人又都为他人服务。服务群众作为职业道德的基本规范，是对所有从业者的要求。

在社会主义市场经济条件下，要真正做到服务群众，首先，心中时时要有群众，始终把人民群众的根本利益放在心上；其次，要充分尊重群众，要尊重群众的人格和尊严；最后，要千方百计方便群众。

(5) 奉献社会

奉献社会就是积极自觉地为社会作贡献。奉献，就是不论从事任何职业，从业人员的目的不是为了个人、家庭，也不是为了名和利，而是为了有益于他人，为了有益于国家和社会。正因为如此，奉献社会就是社会主义职业道德的本质特征。社会主义建立在以公有制为主体的经济基础之上，广大劳动人民当家做主，因此，社会主义职业道德必须把奉献社会作为重要的道德规范，作为根本的职业目的。

奉献社会并不意味着不要个人的正当利益，不要个人的幸福，恰恰相反，一个自觉奉献社会的人，他才真正找到了个人幸福的支撑点。个人幸福是在奉献社会的职业活动中体现出来的，奉献和个人利益是辩证统一的，奉献越大，收获就越多。

5. 鞋类行业道德规范（行规）的具体内容

鞋类行业道德规范一般包括鞋类质量"三包"规则、产品质量规则和文明服务规则等方面的内容。

(1) 鞋类质量"三包"规则

"三包"是指销售者、修理者、生产者承担的部分商品的修理、更换、退货的责任和义务。鞋类质量"三包"规则规定经营者销售鞋类商品时实行三包卡（或信誉卡）和销售凭证制度。出售商品时，要向消费者提供三包卡（标明有瑕疵的处理品、等外品除外）。

"三包"规则还明确了鞋类商品的"三包"期限。"三包"有效期自开具发票（包括有效凭证）之日起计算。"三包"有效期内消费者凭发票或"三包"凭证，经营者应予以退货、更换、修理。

"三包"规则也对消费者投诉作出了规定。

（2）我国鞋类产品标准规则

我国鞋类产品常用检验方法标准有很多，如 QB/T 1813—2000《皮鞋勾心纵向刚度试验方法》、GB/T 3294—1998《鞋楦尺寸检测方法》、QB/T 1187—2010《鞋类 检验规则及标志、包装、运输、储存》等。

此外，还有鞋类鞋带耐磨性能国家标准、中国国家安全鞋标准、制鞋行业标准等行业标准。

（3）文明服务规则

《企业鞋类、箱包类商品服务技术规范》规定了地方关于鞋类、箱包类市场的服务规范，人们可以此为参照。

第二节　鞋类设计师的职业守则

一、遵守法律、法规和有关规定

鞋类设计师在工作中必须严格遵守国家的法律、法规，以及企业的各项规章制度。这是企业健康发展和保护消费者权益的保障。

二、爱岗敬业，忠于职守，自觉履行各项职责

鞋类设计师要有献身事业的思想意识和"干一行、爱一行"的精神，认真做好本职工作，开拓创新，忠于职守，自觉履行各项职责，为企业的建设和发展贡献自己的力量。

三、工作认真负责，严于律己，保守商业秘密

鞋类设计师在工作中要认真负责，严于律己，不断提高工作质量，积极维护企业声誉，并严格保守企业的商业秘密。保密约定一般体现在劳动合同中，约定对于企业和从业者来说是双向的、对等的。

四、刻苦学习，钻研业务，努力提高思想和科学文化水平

鞋类设计师要紧跟时代发展的脚步，树立终身学习的观念，刻苦学习，钻研业务，弘扬科学精神，努力提高自己的思想和科学文化水平。

五、谦虚谨慎，团结协作，主动配合

鞋类设计师的工作只是鞋类产品生产过程中的一部分。鞋类设计师要妥善处理好个人与个人、个人与部门、个人与企业，乃至个人与整个行业之间的关系，做到谦虚谨慎、客观公正、团结协作、主动配合。

六、讲究效率，善于创新

在社会主义市场经济条件下，工作效率是企业的生命，鞋类设计师必须提高工作效率，把握商机，创造出高效益，为社会和企业带来高回报；反之，就会使企业丧失商机，给社会和企业造成低收益，严重者会使企业亏损、倒闭。

鞋类设计师在从事设计工作时要敢于创新、善于创新，树立自主创新的精神，创新是我国鞋类行业发展的灵魂。我国已是世界鞋类生产规模、出口量第一大国，但我国鞋类设计却缺乏世界领先地位。改变鞋类设计的现状，提高我国鞋类设计水平，已成为历史赋予新一代鞋类设计师的崇高使命。鞋类设计师要以创造中华民族新时代的鞋类品牌为己任，努力为我国鞋类产业的发展作出新的贡献。

第三节 职业资格基本知识

一、职业资格

职业资格是对从事某一职业所必备的学识、技术和能力的基本要求。

职业资格包括从业资格和执业资格。从业资格是指从事某一专业（职业）的学识、技术和能力的起点标准。执业资格是指政府对某些责任较大、社会通用性强、关系公共利益的专业（职业）实行准入控制，是依法独立开业或从事某一特定专业（职业）的学识、技术和能力的必备标准。

二、职业资格证书

职业资格证书是劳动就业制度的一项重要内容，也是一种特殊形式的国家考试制度。它是指按照国家制定的职业技能标准或任职资格条件，通过政府认定的考核鉴定机构，对劳动者的技能水平或职业资格进行客观公正、科学规范的评价和鉴定，对合格者授予相应的国家职业资格证书。

职业资格分别由国务院、人力资源和社会保障行政部门通过学历认定、资格考试、专家评定、职业技能鉴定等方式进行评估，对合格者授予国家职业资格证书。

三、职业资格证书和学历证书的关系

职业资格证书是劳动者具有从事某一职业所必备的学识和技能的证明。它是劳动者求职、任职、开业的资格凭证，是用人单位招聘、录用劳动者的主要依据，也是境外就业、对外劳务合作人员办理技能水平公证的有效证件，是在全国范围内通用的国家证书，而其他证书则不具备上述特点。

学历证书是学业经历证明，证明持有人具有相应的专业学习经历，但没有表明其是否可以胜任该专业指向职业的实际工作岗位，职业资格证书正是补充证明了这一点。所以当前国家大力推行职业教育，并在职业院校中实行"双证书"制度，目的就是培养大批有一定理论水平同时又具有实际操作能力的技术岗位人员，从而从根本上提高劳动者的职业素质。

第二章 鞋类设计基础知识

第一节 鞋类的起源及发展概述

人类为了生存就要不断地改造自然、利用自然。鞋就是人类最早的文明产物之一。可以说鞋是人类直立起来用双脚行走不可缺少的生产生活资料。鞋有着防寒冷、防热灼、防潮湿以及防摩擦碰击，保护脚和小腿等作用。穿鞋，现在看来是个司空见惯的事，但鞋和人类的发展一样，由原始到现代经历了从无到有、从简单到复杂、从丑陋到美观、从粗糙到精致的漫长过程，才发展到当代具有各式各样不同材料、不同工艺的鞋。

从兽皮包裹脚到今天各种精美的鞋，充分体现了"劳动创造世界"，任何事物都是从它产生的时候起由低级向高级发展，鞋也是如此。

从我国古代鞋的名称看，有用草编成的鞋，也有用葛和麻编成的鞋，还有用木头做鞋底的鞋，以及用皮制成的鞋。

据考证，在旧石器时代我们的祖先山顶洞人就已经知道用石锥、木锥、骨针等简陋工具将兽皮包裹住脚即形成皮质鞋。公元前8000年至公元前7000年，格陵兰人就已经知道用毛皮包裹刚出生的婴儿。人们在不断生存和发展的过程中，发现兽皮的易腐烂性和变硬性，也渐渐地发现兽皮在不同条件下的变化，探索多种方法处理兽皮，为以后把生皮变成熟革奠定了基础。

到了15世纪，由于各国的通商和文化交流，我国很多生产技术传到欧洲，如印刷、造纸、火药等。据考证布鞋帮底分体连接的制鞋方法也传到了欧洲，对某些资本主义国家发展制鞋业给予了很大启发，为后来他们改良原有鞋子的结构起到了一定的作用。

我国的制鞋业有着悠久的历史。如楼兰孔雀河的女尸，该尸体距今年代为3 880年左右，足下就穿有带毛的羊皮皮鞋，鞋帮和鞋底用皮条缝合。同年代的楼兰铁板河女尸穿着带毛羊皮中筒靴，帮底是皮条绕缝结合。

战国时期，齐国军师孙膑与魏国将军庞涓原为同窗好友，后各侍其主，庞涓嫉妒孙膑的才华，设计将孙膑的膝盖骨挖掉，孙膑设计一双高勒靴让人制作出来，穿上后可坐车指挥作战。因而孙膑被认为是制鞋业的始祖，后来制鞋作坊都挂孙膑的画像。

到了17世纪，欧洲资本主义的生产力得到了一定的发展，尤其是轻工业，随之出现了家庭作坊制革，皮革首先被制鞋所利用。为使皮革成型，做鞋时开始制作鞋楦，缝制用绳子和钉子为连接物的近代皮鞋。

18世纪西欧工业革命推动了生产力的发展，在制鞋产业中出现缝纫机，使鞋帮的生产效率提高，促使制鞋工业帮底生产分工，直至今天。

18世纪中期我国在封建制度的统治下，生产力落后，在政治、军事、经济、文化、外交等方面都表现得软弱无能，因而我国就成为帝国主义侵略的对象，开始是葡萄牙、西班牙和我国贸易经商，开办各种企业。1840年爆发了鸦片战争，英国用强大的武力打开了我国的大门，贪婪地搜刮我国的财富，利用我国的原料和廉价的劳动力。19世纪初外国在我国先后开办了制鞋厂，先是日本商人在北京开办了简单的制鞋厂，1904年又有捷克商人在上海开办了皮鞋商店，日本人在北京苏州胡同开办商店和制鞋作坊。1918年又有法国商人在上海龙华建立了规模较大的制鞋工厂。直到1929年国民党政府在南京创办了军需制鞋实验工厂，这是我国第一家皮鞋工厂。"九一八"事变后，日本先后又在沈阳、天津、汉口、广州开办了制鞋工厂。1930年以后，由于社会需要，全国各地相继办了一些小作坊，主要生产布鞋、皮鞋、胶鞋。

1949年中华人民共和国成立后，在中国共产党的领导下，在全国经济发展的同时，鞋类产业得到恢复性发展。为了满足人民的生活需要，各省市开始建立规模型的各类鞋厂，生产量不断增加，同时向外出口。在生产技术等方面与社会主义国家进行交流，如与当时的捷克斯洛伐克、罗马尼亚、民主德国等国家进行交流，这促进了中国制鞋业的快速发展。与此同时还引进了一些制鞋的机械设备、先进工艺，并采用国产新材料，促使中国制鞋工艺不断革新，逐渐由线缝工艺向橡胶模压工艺、注射工艺、胶粘工艺及硫化工艺发展。1965—1971年，由中国制鞋研究所

(现在皮革与制鞋研究院)牵头组织全国鞋类产业,花费了6年左右的时间,制定了四鞋中国统一鞋号,为制鞋实现标准化,生产工艺装配化,工艺加工机械化、自动化打下了基础。

1978年党的十一届三中全会提出了"全党工作重点转移到经济建设上来",开启了改革开放历史新时期,经过三十多年创新实践,使中国经济发展取得了辉煌成就。在这大好形势下,制鞋产业在原有的基础上得到长足发展。特别是在改革开放的推动下,制鞋产业集群化已经形成。进入21世纪以来,制鞋产业广泛采用新材料、新工艺,生产规模不断递增,最高年产达到100亿双,出口实现60亿双左右,均为世界第一位。在国际市场上,中国鞋具有一定的竞争力及品牌效应。

但是,在国内外经济发展的新形势下,为保证中国鞋类产业不断持续发展和提升,就必须培养更多的专业技术人才,加快产品的研发和创新,提高市场竞争力,从而创造出更多名牌产品,真正成为世界制鞋的强国。

第二节 鞋类设计分类

鞋类设计是以人体脚型结构为对象、材料为载体,将设计人员的技术与艺术构思、造型与结构设计转化为鞋类制品的创造过程。

鞋类设计是工程化与艺术结合和统一的工程设计。因为鞋是人们最基本的、必不可少的生活和生产资料,是衣食住行中"行"的基本工具,同时也是美化和丰富人们生活的装饰品。随着社会的发展和文化物质水平的提高,需要更舒适、更时尚的鞋,这就要求设计师不断提高设计水平,在技术与艺术的结合、技术与功能的结合、技术与市场化的结合、技术与创名牌的结合等方面不断提升与突破。面对这种发展趋势,鞋类设计必须跳出小作坊的生产方式,走向工程化,使鞋类设计分工实现细化。从实际情况看,鞋类生产已经形成产业集群化,鞋类部件实现专业化生产的模式,这在客观上使鞋类设计基本形成鞋类造型设计、鞋楦造型设计、鞋帮样结构设计、鞋底部造型设计、鞋的工艺设计等环节。下面是对五种设计的基本概念介绍。

一、鞋类造型设计

鞋类造型设计是鞋的设计中最重要的环节之一,因为造型是按着人的意图创造各种物体的过程。鞋类造型设计就是通过技术与艺术的结合，形象地绘制出鞋产品款式图案（效果图）、颜色及材料（材质）、工艺等造型要素的过程。

二、鞋楦造型设计

鞋楦造型设计是以脚型各特征部位的数据为依据、模拟脚的形状、求出楦曲面的轮廓、设计各种类型鞋楦的过程。

 相关链接

鞋楦是鞋成型的载体，不是脚精确的复制品，而是具有一定审美倾向性的脚的模拟。鞋楦造型设计在技术方面比较复杂，设计过程中必须考虑生理学、生物力学的相关知识。

三、鞋帮样结构设计

鞋帮样结构设计是依照鞋类造型设计的帮部结构图，根据脚型规律及特征部位的数据，鞋类设计师在鞋楦上进行立体设计或在楦复样上进行平面设计，完成各种不同帮样结构设计的过程（也可采用计算机辅助设计）。

四、鞋底部造型设计

鞋底部造型设计是根据楦型和鞋的功能要求，进行鞋底和鞋跟的造型设计。

鞋底造型结构发展很快，特别是运动鞋类、劳动保护鞋类在审美与功能方面要求越来越高，而女鞋在鞋底及鞋跟上的造型变化已经成为鞋的重要组成部分。

五、鞋的工艺设计

工艺设计是鞋类总体设计的组成部分，是一项技术工程，它包含工艺结构设计、工艺流程设计、工艺规程标准的制定。

 相关链接

工艺设计是实现产品设计的保证，随着新材料的发展，工艺路线不断变革，推动了制鞋产业的发展。

第三节 鞋的分类

一、按材料分类

1. 皮鞋

皮鞋是指用牛、猪、羊皮或人工革作皮面，以皮革、橡胶、塑料合成材料作鞋底，采用胶粘工艺、缝制工艺、模压工艺、硫化工艺、注射工艺等加工工艺成型的鞋。皮鞋如图2—1所示。

皮鞋的品种很多，历史悠久。按用途大致可分为生活日用鞋、劳动保护鞋、文体鞋、旅游鞋等。

2. 布鞋

布鞋是指以天然或化学纤维织物为鞋面，以布、皮革、橡胶塑料合成材料为鞋底，经缝制或注塑、模压、硫化等帮底结合工艺加工成型的鞋。布鞋如图2—2所示。

图2—1 皮鞋

图2—2 布鞋

布鞋在中国有几千年的历史，织物面料也十分丰富，布鞋品种多样、价格便宜，具有穿着舒适，柔软、透气性良好等优点。

3. 胶鞋

胶鞋是以硫化橡胶材料为外底、内底，以纺织物或橡胶为鞋面，采用硫化工艺加工成型的鞋。胶鞋的花色品种很多，我国目前所生产的胶鞋品种基本分为两大类：一是布面胶鞋，其中包括运动鞋类、劳动保护鞋类、轻便鞋类、防寒鞋类；二是胶面胶鞋，其中包括低筒雨鞋类、高筒雨鞋类、工矿鞋类、插秧靴类。胶鞋如图2—3所示。

图2—3 胶鞋

随着化工产品的不断发展，合成橡胶、塑料等新材料对胶鞋发展起到了很大的推动作用。

4. 塑料鞋

塑料鞋一般是指以聚氯乙烯（PVC）树脂为主要材料，加工时与增塑剂等助剂混合，经注射机或挤出、模压制成的帮底一体化的全塑料凉鞋或拖鞋。塑料鞋如图2—4所示。

图2—4 塑料鞋

现在也用PVC树脂或EVA为单材料制成鞋底，配不同材质的鞋面组装成凉鞋或拖鞋，或直接用EVA原料经注射、挤出、模压等工艺制成凉鞋或拖鞋。

塑料鞋按结构外观分为前后空凉鞋、满帮凉鞋、拖鞋等。塑料鞋具有制造方便、价格便宜、耐穿耐用、晴雨皆宜等优点。

二、按制鞋工艺分类

1. 线缝鞋工艺

凡是鞋帮与外底采用线缝工艺制成的鞋都称为线缝鞋。

此种工艺是我国制鞋的传统工艺。它包括缝沿条鞋、透缝鞋、压条鞋、翻绱鞋（皮、布）等。线缝工艺的特点是用料考究、做工精细，可制作优质高档皮鞋、布鞋。用该工艺制作的鞋，穿着舒适、吸汗性强、价格贵。不足之处是工艺过程复杂，生产效率低，劳动强度大。

2. 胶粘鞋工艺

胶粘工艺（也叫冷粘工艺）是采用胶粘剂，将绷帮成型后的帮角和内底与外底黏合在一起的加工工艺。

此工艺是20世纪60年代初，在我国皮鞋、胶鞋、塑料鞋帮底结合工艺中开始采用，并利用此工艺成批生产鞋。其工艺特点是无线缝合，工艺简便，生产效率高，花色品种变化快，成本低，可制作高、中、低各档次的产品。用该工艺制作的鞋，穿着轻便、舒适。

3. 模压鞋工艺

模压鞋工艺是采用硫化工艺，把未硫化的混合橡胶料放入模压机的模具中，通过一定的压力和温度使橡胶料硫化并与鞋帮结合成鞋。

此工艺于20世纪60年代早期，在皮鞋、布里、硫化鞋生产工艺中开始采用，并利用此工艺成批生产鞋。其工艺特点是胶料硫化交联反应一般是在一定的温度、时间和压力下完成，这些条件称为硫化"三要素"。模压鞋生产中硫化温度130～140℃硫化成型，时间为10～15分。这种热固性工艺适合大批量生产，如生产军用鞋、劳保鞋、部分童鞋等。该工艺生产的产品穿用比较轻便、耐潮湿、价格便宜，不足之处是耗能高、产品变化慢。

4. 硫化鞋工艺

硫化鞋工艺是将混炼胶冲压成型后与鞋帮和内底黏合在一起，通过硫化罐硫化成型。

此工艺于20世纪60年代中期，开始由胶鞋的生产工艺中引进，用于皮鞋生产中，并开始利用此工艺成批生产鞋。其工艺特点是热固性硫化交联，硫化温度在95～115℃范围内，在硫化罐内加压、加温硫化50～60分，通过"三要素"完成硫化鞋工艺。硫化鞋生产设备简便，生产规模大，产量高，产品价格低。

5. 注压鞋工艺

注压鞋工艺从材料到加工设备可分为三种，即注塑鞋工艺、注胶鞋工艺、PU浇注鞋工艺。

（1）注塑鞋工艺

采用热熔性底材，通过注射机加热熔融，注射到模具内，在塑造外底的同时与鞋帮脚、内底相结合,这种结合工艺叫注射鞋工艺。

此种工艺于 20 世纪 60 年代初期,在我国用于大批生产皮鞋、布鞋、塑料凉鞋。注塑的特点是工艺简单,生产效率高,产品价格便宜,特别是全塑凉鞋晴、雨天均可穿。不足之处是该工艺生产的鞋卫生性和透气性差。

(2) 注胶鞋工艺

注胶鞋工艺是将混炼胶通过注胶机注入模具中,造型硫化交联并与鞋帮脚、内底结合成鞋。

此种工艺在 20 世纪 70 年代用于布鞋产品大批生产,该工艺属热固性材料生产,注压比较困难,橡胶要严格配方,模具锁模力较大,易出残次品。

(3) PU 浇注鞋工艺

PU 浇注鞋工艺是采用聚氨酯(PU)材料分 A、B 两组,根据需要按一定的比例混合均匀直接注射(浇注)到模腔内,在塑造外底的同时与鞋帮脚和内底相结合,冷却成型。

此种工艺是 20 世纪 90 年代末,在我国皮、布、胶鞋生产中开始采用,并利用此工艺成批生产鞋。其工艺特点是工艺简便,生产效率高,可制作高、中、低各档次的产品,也可生产耐油劳保鞋,该工艺生产的鞋穿着轻便、舒适。

三、按用途分类

1. 民用鞋

民用鞋即人们日常穿用的鞋。随着人民生活水平的提高,尤其是近几年来国民经济经过调整改革,人民的生活越来越富裕,对鞋的花色品种和产品质量的要求也越来越高。

服装鞋帽的整齐美观是衡量人民生活水平的一种标志,从服装鞋帽的穿戴上可以反映出社会的精神面貌、民族习俗和经济状况。因此,美化生活、建设两个文明,也是制鞋工业的一项职责。

2. 军用鞋

军用鞋是各军种、兵种军官、士兵和警察穿用的由国家发放的鞋,如飞行靴、潜艇鞋、坦克靴、边防滑雪靴以及消防、交通民警靴等。

新中国成立后,制鞋工人生产的第一批军鞋又支援了抗美援朝战争。在保卫祖国边疆的战斗中,在保卫社会主义建设事业中,军用鞋都发挥了很大的作用。军靴如图 2—5 所示。

3. 劳保鞋

在社会劳动中，为了保护人体的健康，使脚免受伤害，或为了满足特殊工作的需要，人们需要各种各样的劳保鞋，如铁路与汽车司机鞋、护士鞋、防砸鞋、防油鞋、防刺鞋、防腐蚀鞋、防辐射鞋、地质考察鞋、宇航鞋等。劳保鞋如图2—6所示。

图2—5 军靴

图2—6 劳保鞋

4. 体育用鞋

体育用鞋是体育专业人员或业余爱好者为体育竞赛及训练等穿用的鞋，如足球鞋、滑冰鞋、自行车鞋、摩托车鞋、举重鞋、摔跤鞋、登山鞋、跳伞鞋、跑鞋、训练鞋等。足球鞋如图2—7所示，滑冰鞋如图2—8所示。

图2—7 足球鞋

图2—8 滑冰鞋

5. 文艺用鞋

文艺用鞋是文艺专业人员或业余爱好者为文艺表演及训练等穿用的鞋，如戏剧鞋、杂技鞋、芭蕾舞鞋、踢踏舞鞋等。踢踏舞鞋如图2—9所示。

6. 医疗矫正鞋

医疗矫正鞋是以医疗为目的，用于治疗疾病或用于支撑、保护、矫正下肢和足骨，或者是补饰生理缺陷的鞋，如磁疗鞋、激穴鞋、脚癣鞋、小儿麻痹鞋、护腿

图 2—9 踢踏舞鞋

靴、护踝鞋、护趾补饰鞋等。

四、鞋类产品命名规定

1. 鞋面材料的种类

鞋面材料的种类包括猪革、牛革、马革、羊革、人造革、合成革、织物（化纤、呢绒）等。

2. 鞋帮式样的工艺特征和结构形式

鞋帮式样的工艺特征和结构形式包括丁带式、三节头、围盖等。燕尾式三节头如图 2—10 所示，围盖鞋如图 2—11 所示。

图 2—10 燕尾式三节头

3. 鞋底式样、成型工艺和材料种类

鞋底式样、成型工艺和材料种类包括高跟、平跟，胶粘、透缝、注塑，皮底、胶底、仿皮底等。

4. 穿用对象和成品类别

穿用对象和成品类别包括男鞋、女鞋、童鞋、单鞋、棉鞋和凉鞋等。

图 2—11 围盖鞋

五、按皮鞋结构分类

1. 筒靴

筒靴通常有藏靴、蒙靴、软勒马靴、硬勒马靴、毡呢靴、毛皮靴、军用专用靴、蛇形拉锁靴、套靴等。藏靴外形如图 2—12 所示。

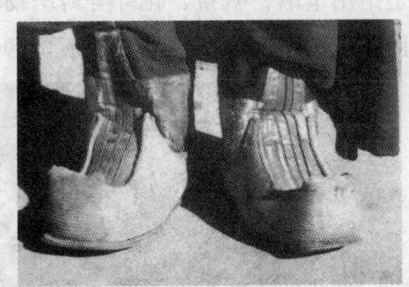

图 2—12 藏靴

2. 高勒鞋

高勒鞋是指鞋帮超过踝骨的鞋,如勾眼鞋、元宝鞋、紧布靴、博士鞋等。紧布靴如图 2—13 所示。

3. 低勒鞋

低勒鞋是指鞋帮低于踝骨的鞋,又分为长脸鞋和短脸鞋(长帮鞋和短帮鞋)。

(1) 长脸鞋

常见的长脸鞋有五眼鞋(三接头、内耳式、外耳式)、青年式鞋、紧布靴等。

(2) 短脸鞋

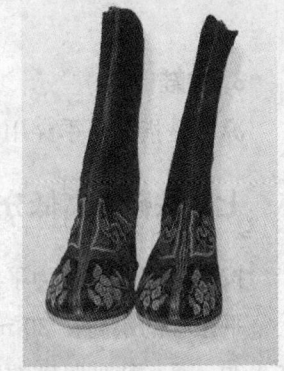

图 2—13 紧布靴

常见的短脸鞋有圆口鞋、异型口鞋、花型口鞋，以及各式绊带鞋等。

4. 浅鞋

浅鞋一般指穿脱方便的跗背无结构的矮帮鞋，如舌式鞋、烧麦鞋、船鞋、懒汉鞋等。

5. 透空鞋

透空鞋是指前帮、中帮或后帮透空的鞋，如前空鞋、中空鞋（侧空鞋）、后空鞋。多为凉鞋和初夏、初秋的透空浅鞋。

六、按穿用季节分类

1. 棉鞋

棉鞋是指用毡子、毯子、毛皮及保暖材料作鞋里或防寒保暖材料作鞋面的防寒鞋。

2. 夹鞋

夹鞋是指用里革、帆布、化纤等薄织物作鞋里或无鞋里的单层革面的鞋。多数为春秋穿用，也可在温度适宜的条件下，常年穿用。夹鞋如图2—14所示。

图2—14 夹鞋

3. 凉鞋

凉鞋是指在夏季穿用的，以带条、网眼、编织结构或砸刻孔透空的鞋。

七、按鞋跟高低分类

按鞋跟高低可分为平跟鞋、中跟鞋、高跟鞋、特高跟鞋等。

平跟鞋的跟高在30 mm以下。中跟鞋的跟高为30～50 mm。高跟鞋的跟高为55～80 mm。特高跟鞋的跟高在85 mm以上。

第四节　鞋的基本结构和部件

从整体结构上讲，鞋都是由帮部件和底部件两大部分组成的，但具体到每一类鞋又各不相同。下面以市场占有率较高的皮鞋和运动鞋为例，来说明鞋的主要结构。

一、皮鞋

1. 结构

皮鞋从外形上可分为鞋帮、鞋底、鞋跟和辅件。鞋帮、鞋底、鞋跟是由若干个零部件组合装配而成的。在皮鞋结构术语中，将皮鞋按部位划分为前帮部件、后帮部件、底部件等。

按技术要求将若干个零件组合连接成部件，或若干个零件和部件组合连接成皮鞋的过程叫装配。前者为部件装配，后者为总装配。用鞋帮部件组合成鞋帮的过程为鞋帮装配，鞋帮与底部件结合制成鞋的过程则为皮鞋总装。

在皮鞋生产过程中，对于那些将原材料变为成品直接有关的过程，如帮件加工、底件整型、鞋帮装配等称为工艺过程。

2. 部件

皮鞋部件名称命名的习惯一般有四类：根据部件形状制定拟人象形名称，如鞋舌、鞋耳、鞋眼等；根据部件在鞋上所处的位置命名，如前帮、中帮、后帮等；根据部件在鞋上所起的作用命名，如保险皮、护口皮、鞋钎皮等；根据所用材料和性质命名，如毛口、松紧布、拉链等。

皮鞋款式千变万化，每一个新款式都会出现不同的部件，为了方便加工，制定工艺规程都需命名部件，命名要符合习惯，便于记忆。

皮鞋的各部件名称如图2—15所示。

(1) 帮部件

1) 鞋面，包括前帮、中帮、后帮、靴筒、沿口皮、鞋钎皮、装饰件等。

2) 鞋里，包括前帮里、后帮里、后跟里、鞋舌里等。

3) 衬里，包括中衬、衬布等。

(2) 底部件

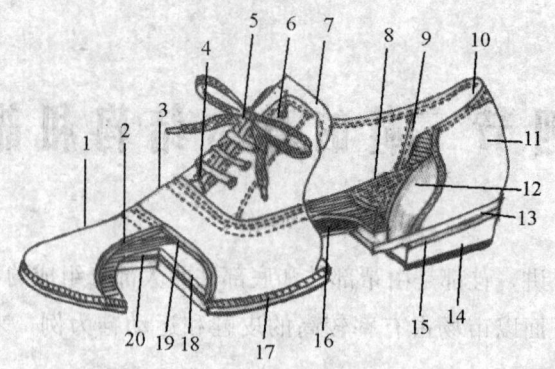

图 2—15　皮鞋的各部位名称

1—包头　2—内包头　3—前帮　4—防护件　5—鞋带　6—鞋眼　7—鞋舌　8—鞋垫
9—后帮里　10—保险皮　11—后帮　12—内主跟　13—盘条　14—鞋跟掌面
15—鞋跟　16—鞋勾心　17—外底　18—中底　19—前帮里　20—填料

1) 底结构主件，包括内底、外底、中外底、鞋跟等。

2) 固型支撑件，包括主跟、内包头、半内底、鞋勾心等。

3) 连接部件，包括沿条、盘条、插鞋跟皮、鞋跟围条皮、鞋跟螺钉等。

4) 装饰性部件，包括装饰沿条、包鞋跟皮、包内底皮等。

5) 鞋垫，包括皮垫、海绵垫、毡呢垫等。

(3) 辅件

1) 金属辅件，包括鞋眼圈、扣、卡、环、钩眼圈等。

2) 非金属辅件，包括拉链、仿钻石、装饰花等。

二、运动鞋

1. 结构

运动鞋的外观结构与皮鞋基本相同，而内部件结构有较大的差异。部件的名称既有相同的称呼，又有不同的规定。运动鞋由底部件、帮面部件两大部分构成。

底部件由外底、中底、内底组成。中底是运动鞋功能设计的重点部件，对一些具有特殊功能的运动鞋来讲，中底还可以由其他多个部件构成。

帮面分为外帮与里帮，帮面部件还可以由前帮、中帮、后帮组成，构成帮面部件的还有鞋眼片、鞋带、鞋舌、装饰件等。

2. 部件

下面以热硫化法布面运动鞋和冷粘法皮革面运动鞋为例，说明运动鞋的主要构成部件。

(1) 热硫化法布面运动鞋的主要部件

热硫化法生产的运动鞋是我国 20 世纪 80 年代以前的主要产品,多见于篮球鞋、羽毛球鞋、中长跑类跑步鞋等。但是产品档次相对较低,附加值不高,难于满足专业运动鞋特殊的性能要求,比较适合大众化健身运动的需要。热硫化法布面运动鞋的主要部件如图 2—16 所示。

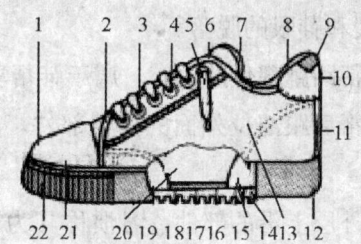

图 2—16 热硫化法布面运动鞋的主要部件

1—外包头 2—鞋眼片 3—鞋眼 4—包边 5—鞋带 6—鞋舌 7—鞋舌内里
8—统口衬 9—滚口海绵 10—后口皮(眉片) 11—后帮中缝 12—后跟外围
13—鞋帮 14—后跟内围条 15—内后跟 16—橡胶内底 17—海绵内底
18—内底布 19—护趾布 20—内里布 21—前包头 22—大埂子

(2) 冷粘法皮革面运动鞋的主要部件

冷粘法皮革面运动鞋的主要部件如图 2—17 所示。

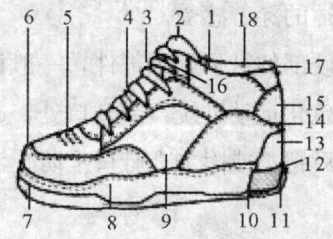

图 2—17 冷粘法皮革面运动鞋的主要部件

1—鞋帮 2—鞋舌 3—鞋带 4—鞋眼衬 5—透气孔 6—外包头
7—大底(挡泥板) 8—围墙 9—帮面补强部件 10—大底止滑花纹
11—中底 12—内底 13—后跟护套 14—外后跟 15—后跟补强部件
16—鞋眼片 17—后领口 18—统口里布

(3) 主要部件的作用

运动鞋企业有自己的专业术语,这里列举一些常用的专业术语。

1) 鞋舌。运动鞋的鞋舌属于鞋面的一部分,是鞋帮脚背部位的舌形部分。其作用是调节鞋帮与跗面之间的松紧关系,提供跗面良好的舒适性,防止鞋带对跗面的割勒。为了避免鞋带的压力过度施加在脚背上而引起不适,可在鞋舌内塞入海绵。该部位也是品牌商标的贴放处。为了穿鞋方便，可以在鞋舌上设计一些手指能够穿过的孔洞，穿鞋时可用手指钩住这些孔洞，以免鞋舌滑入跗面两侧，或被踩入鞋腔中。

2）鞋头护墙。减缓磨耗、挡泥，起到保护鞋的作用。

3）鞋眼衬。是加固鞋眼的衬垫部件，能够增加鞋眼片的强度，防止在系鞋带时用力过大而引起眼片撕裂和鞋眼的脱落。

4）护趾布。是加固鞋帮跖趾部位的衬布，属于鞋帮里部件的补强部件。

5）外后跟。是加固鞋帮后跟部位外面的护盖部件，具有增加后跟稳定性的作用。

6）后口皮。是后统口外层上沿的部件，习惯称其为眉片。对后跟结帮起强化作用，防止后统口撕裂。

7）沿条口。是封闭鞋帮部件边缘的条带，将鞋帮的边沿毛边包裹住，使之光滑、美观，并防止材料边沿的脱落，强化部件边沿的抗撕裂强度。

8）外后跟条。是加固鞋帮外层后跟合缝的条带。

9）内后跟条。是加固鞋帮里层后跟合缝的条带。

10）包跟布。是包裹后跟的布层。

11）滚口皮。沿着鞋口部位，使用泡棉类的轻质发泡材料，填塞在帮里与帮面之间，提供踝关节附近较舒适的穿着感受。

12）补强腰带。是鞋帮硬部的带形补强部件，一般设计在腰窝部位。

13）防水布。是粘接在硫化运动鞋统口或开口处，起防水作用的胶布部件。

14）防沙布。是连接前后帮，或附加在鞋口上防止沙土进入鞋内的部件。球鞋使用较多。

15）鞋舌衬垫。是鞋舌里层或夹层的衬垫部件，具有良好的柔软性和保护性。

16）后跟衬垫。是鞋帮后跟部位里面的衬垫部件，起定型、增强后跟部位的帮面强度和稳定性、矫正控制翻转等作用。

17）统口衬垫。是靴、鞋统口的衬垫部件。

18）松紧布。是能伸长又能复原的夹胶丝织物，能自动调节帮面的伏脚性，代替鞋带控制统口的大小，以方便穿脱。

19）鞋眼。是用以穿鞋带或通气的孔眼部件，能够固定鞋带及其位置，具有一定的装饰性。

20）鞋眼片。是沿鞋眼孔所缝接的补强片，能够防止鞋眼脱落，增强该部分帮面的抗拉强度。

21）D字形鞋环。把鞋眼孔改成D字形环圈，可提高系鞋带的速度，丰富帮面的视觉效果。

22）后跟套。通常是用热可塑性材料制成的，摆放时沿着脚跟部位，从内侧绕经后侧再绕至外侧，提供整个后跟部位支撑稳定的效果。

23）鞋卡。用以卡住鞋带带状部件的卡子，与鞋眼的作用相同。

24）鞋扣。用以扣住鞋帮的搭扣。

25）标志。是载有商标图案、文字或其他标志的部件或图形。

26）鞋底。是外底、中底、内底的总称，包括以下几种：

①压延底。用压延机压延出型胶片，再切割成大底的形状。

②模压底。用模具将橡胶硫化或将塑料加热塑型制成的外底。

③微孔底。利用发泡性能材料而制成的鞋底，成型时使材料内部产生气泡，以降低材料的相对密度。

④复合底。用两种或两种以上不同性能材料贴合而成的鞋底。

27）楔形插底。是插在复合底中层，增加底后跟部位厚度的楔形部件。

28）中底。是内底与外底中间的底，提供减振性、稳定性和弯曲性，是运动鞋中最重要的部分。

29）中插。中底的一部分，插在中底的某个部位。

30）楔形中插。为了强化中插的减振效果，在后跟部位加上的一块楔形的减振材料。

31）小衬底。是填平帮脚和黏合外底与内底的部件。

32）内底。是与脚底接触的底，置于中底或中插之上。

33）内底布（革）。是在内底上所贴的布（革）。

34）海绵内底。是海绵状的弹性内底，常见于硫化运动鞋。

35）外包头。贴附在脚趾部位鞋帮表面的护盖部件。

36）内包头。贴附在脚趾部位鞋帮里面或夹层的补强、支撑、定型部件。

第三章
脚型、鞋号与楦型的基本知识

脚型与楦型是鞋类研发与设计的基础。因为鞋是从属于脚，并为脚服务的，所以，鞋类设计师必须在研究脚型的基础上研究楦型，从而使设计出的鞋更能符合穿着需要。

第一节 脚型

脚型是指脚的形态和构造。人体下肢由大腿、小腿和脚三部分组成，脚也称为足。在研究鞋类产品时，以脚型为主；在研究靴类产品时，还要考虑到小腿的形态和构造。

一、脚的外部形态

人体的左右两只脚基本上是对称的。由于构成脚的骨骼多而肌肉少，所以脚的形态比较稳定。脚的大拇趾一侧称为里怀，小趾一侧称为外怀。脚的外形如图3—1所示。

1. 脚趾

脚趾在脚的最前端，能灵活地运动。人脚本身有一定的自然跷度，在不负重悬空的自然状态中，由跖趾部位向前，脚趾自然向上弯曲，与脚底平面成一定角度，一般在15°左右。因此，鞋楦设计及成品鞋都应有一定前跷，这样，人在行走时，鞋跖趾部位弯曲小，这一部位鞋帮皱褶相对就小，鞋前尖磨损也小些。

第三章 脚型、鞋号与楦型的基本知识

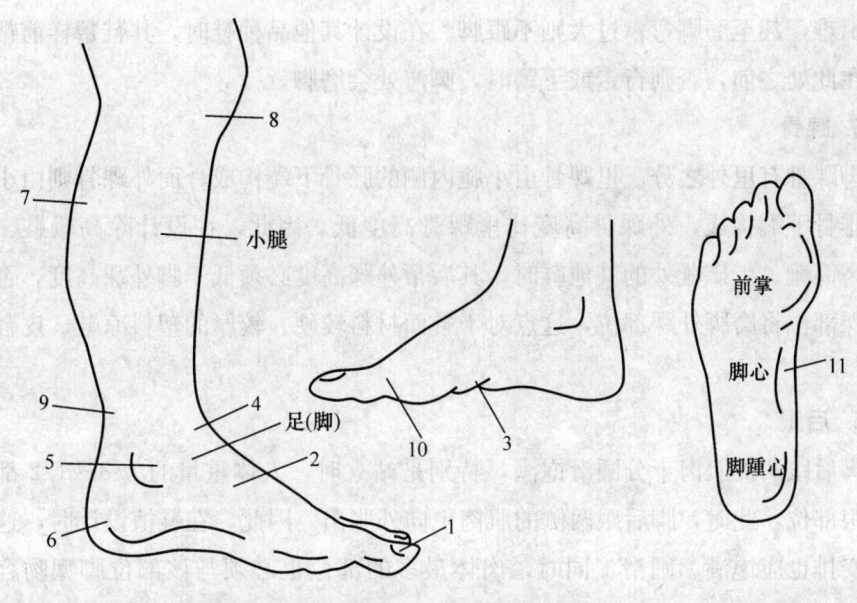

图 3—1 脚的外形

1—脚趾 2—脚背 3—腰窝 4—脚弯 5—踝骨 6—后跟
7—腿肚 8—膝下 9—脚腕 10—跖趾关节 11—脚底

人在行走时，脚趾在鞋内的活动比较复杂，有向前的移动，也有向下蹬地动作，还有向两侧的活动。因此，在鞋楦设计时，鞋的前部（包括长度、宽度、高度）都应有足够的活动量，特别是十七八岁以前的青少年和儿童，脚还处在发育阶段，若鞋太短，鞋头太窄、太薄，会造成拇趾外翻、拇趾甲磨破、二趾弓状、磨出老茧等问题。

2. 脚背

脚背也叫脚面，这部分主要由脚的跗骨与跖骨组成，因此也叫跗面。在鞋楦设计时，楦背太高则鞋不跟脚，太低则压脚背，这在设计不系鞋带的鞋楦时尤为重要。因此，楦背高低的确定与人体脚型规律和鞋帮款式、结构有关。

3. 腰窝

腰窝在脚背两侧，内侧为里腰窝，外侧为外腰窝。里腰窝呈凹形，十分圆滑，在鞋楦设计时，在工艺允许的情况下，鞋楦里腰窝肉体安排尽量接近脚型，则能更好地包住和托住里腰窝和脚心。外腰窝处有一明显的突起，是第五跖骨后粗隆点，它是脚型、楦型外腰窝标志点，也是测量鞋楦跗骨围长的标志点。

4. 脚弯

脚弯是指脚背与小腿之间的拐弯，测量脚兜跟围长时要通过此处。在半筒靴楦、高筒靴楦、工矿靴楦设计时，其兜跟围长必须大于脚兜跟围长，如果过小，则穿脱困难，甚至磨脚弯；过大则不跟脚。在设计其他品种鞋时，其鞋帮样前帮总长必须在此处之前，否则行走或下蹲时，脚弯处会磨脚。

5. 踝骨

脚踝骨有里外之分。里踝骨由小腿内侧的胫骨下端构成，而外踝骨则由小腿外侧的腓骨下端构成，外踝骨高度比里踝骨高度低。因此，在设计除高勒鞋、半筒靴、高筒靴、工矿靴外的其他鞋时，其后帮外踝高度必须低于脚外踝高度，否则鞋帮外踝部位将磨脚外踝部位，这点对于鞋面材料较硬、较厚的塑料凉鞋、皮鞋尤为重要。

6. 后跟

脚后跟两侧肌肉十分圆滑饱满，特别是站立时，人体重量的 1/3～1/2 都落在脚后跟部位，此时，脚后跟两侧的肌肉更向外胀出。因此，在鞋楦设计时，这部分肉体安排也应饱满、圆滑，同时，肉体最多的部位也必须与该部位脚型吻合，否则，肉体安排不够饱满或不恰当，都会造成鞋后帮敞口或磨脚，当然，肉体安排也不宜过大，否则鞋会不跟脚。

脚后跟最突出的部分是后跟突度点，鞋楦后跟突度点大小及高度也应与脚型吻合，不然鞋会磨脚和不跟脚。同时，随着鞋跟高度的变化，脚和鞋楦后跟突度点高度也会变化，详细情况将在鞋楦设计中予以论述。

脚后跟弧线，有的人较直，有的人较弯，因此，设计鞋楦时也应考虑到。同一鞋楦后跟弧线对脚后跟弧线较弯的人，鞋帮后上口会发空，而对脚后跟弧线较直的人，还会卡脚后跟。一般根据脚型规律并通过反复试验验证来确定合适的鞋楦后跟弧线，这些也将在鞋楦设计中予以论述。

7. 腿肚

腿肚是脚小腿最粗的部位。腿肚围长及腿肚高度是半筒靴设计的重要依据。半筒靴高度一般比腿肚高度低，而半筒靴的腿肚围长则比脚腿肚围长大。同样，高筒靴、工矿靴的腿肚围长也应比脚腿肚围长大。

8. 膝下

膝下是膝盖以下、脚小腿腓骨上端粗隆的下沿点位置，其膝下围长、膝下高度是设计高筒靴、工矿靴的重要依据。高筒靴、工矿靴的高度应低于脚的膝下高度，而非拉链结构的高筒靴、工矿靴的膝下围长则应大于脚的腿肚围长和兜跟围长，否则脚穿不进靴内。

9. 脚腕

脚腕是脚小腿最细的部位，设计高勒鞋时，其后帮高度一般在脚腕以下，而半筒靴则在其上。设计不系带及无拉链的高勒鞋楦，其脚腕围长不宜过小，否则穿脱不方便。

10. 跖趾关节

跖趾关节是脚趾骨与脚跖骨所形成的关节。拇趾与脚内怀的第一跖骨组成的关节叫第一跖趾关节，小趾与脚外怀的第五跖骨组成的关节叫第五跖趾关节。跖趾关节部位是脚最重要的部分，站立时，它是人体重量的主要受力部位之一；运动时，人体重心移到脚的前掌，人体重量的大部分都移到跖趾关节部位，因此，它是脚的主要受力部位。在鞋楦设计时，这部分肉体安排及尺寸（包括围度、宽度、高度）的确定最为重要，这将在鞋楦设计时予以详细论述。

11. 脚底

脚底包括前掌、脚心和脚踵心部位。

前掌是由脚跖趾部位及脚趾的下部组成，虽然凹凸不平，但还是有其规律性，即脚第一跖趾部位及第五跖趾部位下部肌肉饱满，凸度较大，而第二、三、四跖趾部位下部则较平，甚至有点下凹。因此，在鞋楦设计时，虽然很难做到这部分的肉体安排与脚型一致，但鞋楦这部分的凸度（称前掌凸度）不宜过大，不然容易造成脚前横弓下塌，也容易使真皮外底皮鞋的这部分受到磨损。

脚心在脚底中部，呈凹状，不同人的底心凹度不一样，同一人在后跟高度不同时，其底心凹度也不一样。这样在鞋楦设计时，其底心凹度也将随鞋跟高度的不同而有所差异，详细情况也将在鞋楦设计中予以论述。但有一点必须强调，鞋楦的底心凹度应符合脚型，则鞋内底能托住脚心，此时，鞋内底受力比较均匀，长时间行走时脚不易疲劳，这一点对高跟鞋尤为重要。

脚踵心部位在脚底最后部，十分圆滑饱满，其踵心凸度一般在 6 mm 左右，考虑到工艺等因素，鞋楦踵心凸度要小一些。

二、脚的组织结构

脚是人体的运动器官，它是由肌肉、骨骼、韧带、血管、淋巴管、神经、脂肪、皮肤等组织构成的。由脚骨骼所构成的外形，基本上确定了脚的外形。脚骨的运动作用是依靠肌肉的收缩来完成的，而肌肉的收缩又受到神经作用的支配。血管、淋巴管、脂肪对脚起着营卫的作用。皮肤在最外层，将这些组织包裹起来，对脚起着保护作用。构成脚的这些组织，结合成高度统一又相互制约的整体，只有在各个组织都健康无损的情况下，脚才能保持正常的生理活动；反之，局部的病变会使整个机体失去正常的生理状态。因此，皮鞋的设计已经不是单纯去设计一个装脚的"容器",而是应当设计出维护脚的健康,保持脚的正常生理机能,同时又能满足不同功能要求的鞋。

1. 脚的骨骼

人体下肢骨骼包括有大腿骨——股骨;小腿骨——外侧为腓骨,里侧为胫骨;脚骨——趾骨、跖骨和跗骨。脚的骨骼如图3—2所示。

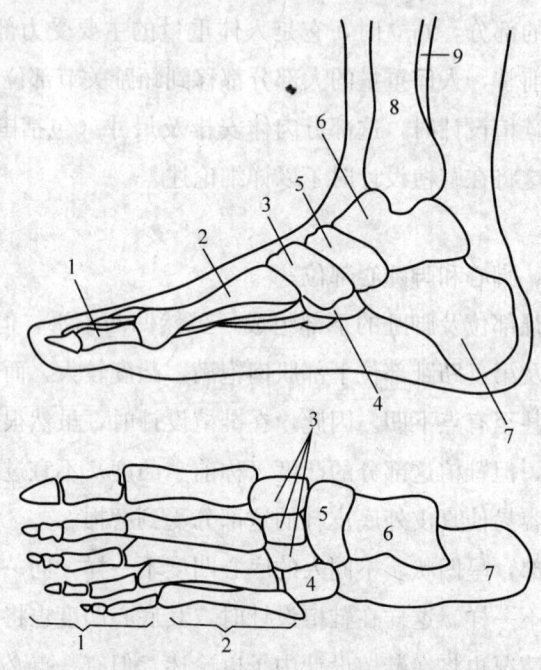

图3—2 脚的骨骼

1—趾骨 2—跖骨 3—楔骨 4—骰骨 5—舟状骨
6—距骨 7—后跟骨 8—胫骨 9—腓骨

脚的趾骨共有14块,除了拇趾是2块外,其余均为3块。

脚的跖骨共有5块,分别和5组对应的趾骨相连。自里怀向外排列,分别称为第一、第二、第三、第四、第五跖骨。以第一跖骨最粗最短,第二跖骨最长,第五跖骨末端有个明显的突起,称为第五跖骨粗隆点。

脚的跗骨共有7块,从里怀一侧算起,分别为第一楔骨、第二楔骨和第三楔骨,顺次下去为骰骨。楔骨之后为舟状骨。最后端为后跟骨,后跟骨之上为距骨。

如果不计算一些小的子骨,脚骨主要有16块。下面的口诀可帮助记忆:"脚骨计有二十六,趾有十四跖有五,一二三楔骰内舟,上距下跟后出头。"

2. 脚的关节

关节是骨与骨之间以某种形式连接后形成的。骨与骨之间的连接可分为两种情况：一种是直接连接，形成的是骨缝；另一种是间接连接，形成的是关节。在关节部位都有关节腔，关节腔内有起润滑作用的滑液；骨端处遮有一层透明的软骨，并借助关节囊相连。脚的关节如图3—3所示。

脚骨之间形成的关节有趾关节、跖趾关节、跗跖关节、跗关节、踝关节以及腿上的膝关节。

关节的运动状态是和骨端的形状和关节运动轴分不开的，大部分脚骨都可参与进行屈伸、外展、内收、环转和回旋等运动，但跗骨间形成的关节活动量很小，而跖趾关节活动最频繁。

在关节周围还有韧带组织，加强骨与骨之间的连接。韧带除了有使关节更紧密结合的作用外，还有制约关节活动方向的作用。

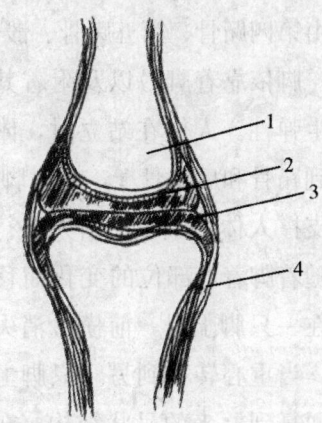

图3—3 关节示意图
1—骨端 2—关节软骨
3—关节囊 4—骨膜

对于儿童和青少年的脚型来说，脚的发育还没有完全定型，穿上结构不合理的鞋子，很容易造成拇趾外翻、脚趾重叠、平足等脚病。对一般的鞋来说，如果只能容下脚的骨骼和肌肉而不能容下脚关节的活动，同样也会造成脚的损伤。在鞋腔内应留有关节，特别是跖趾关节活动的余地。

3. 脚弓

脚弓是由脚骨所形成的弓状结构。按伸展方向，脚弓分为横弓和纵弓。脚横弓有前横弓和后横弓的区别，脚纵弓有内纵弓和外纵弓的区别。脚弓如图3—4所示。

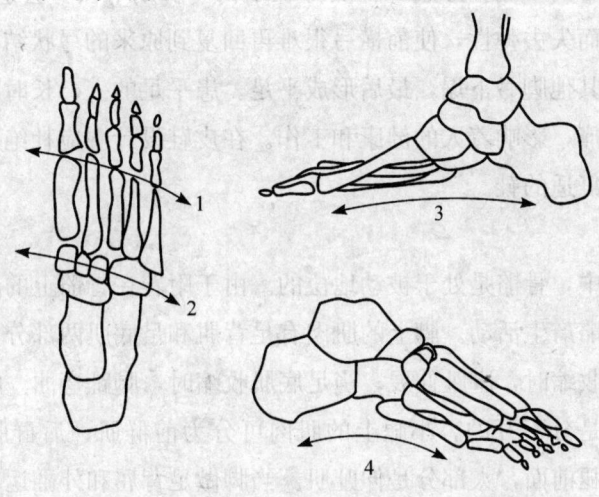

图3—4 脚弓
1—前横弓 2—后横弓 3—内纵弓 4—外纵弓

脚的前横弓是由第一到第五跖趾关节构成的，后横弓是由3块楔骨和骰骨构成的。脚的内纵弓是由3块跖骨、3块楔骨、舟状骨、距骨和后跟骨构成的，外纵弓是由第四跖骨、第五跖骨、骰骨和后跟骨构成的。

脚依靠着脚弓以及附着其上的韧带、肌肉而产生弹性。人体在站立时，体重通过距骨分别传递到跖骨和后跟骨上，此时脚弓保持着弓状结构，以支撑人体的重量。当人在行走时，人体的重心会随着脚着地部位的变化而移动。当重量完全集中在一只脚上时，前横弓消失，随着脚的继续移动，当重心转移到另一只脚上时，消失的前横弓又回复到原来的弓状结构，在另一脚上，又重复着上述的变化。前横弓的变化如图3—5所示。

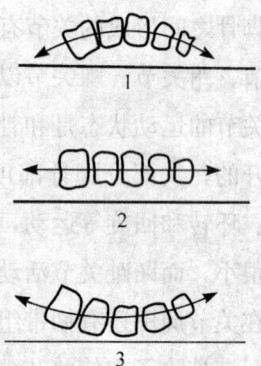

图3—5　前横弓的变化
1—正常弓状结构　2—前横弓消失
3—受力不合理时前横弓下塌

在四条脚弓中，只有前横弓的变化特殊，这是脚的正常的生理机能。当人在跑跳时，脚会对地面产生很大的冲击力，同样地面也会对脚底产生很大的反作用力。但这种很大的作用力作用在脚底上时，脚弓发生了瞬间的形态变化，依靠前横弓的舒展，从而减缓了反冲击力的强度，起到了减震作用，保护了机体。

脚弓是人类区别于其他哺乳动物所特有的。在皮鞋设计中，要注意保护脚弓的正常生理机能。当楦底前掌凸度过大时，鞋内腔前掌凹度必然变大，穿上这样的鞋必然会造成前横弓的下塌，形成一种反弓状结构。长期下去，会造成韧带的松弛、疲劳、损伤，从而失去弹性，使前横弓很难再回复到原来的弓状结构。前横弓的下塌，也必然导致其他脚弓下塌，最后形成平足。患平足的人，长时间站立、行走都会引起疲劳、疼痛，影响着人的健康和工作。在皮鞋设计中应杜绝不合理的受力方式，使脚能穿上舒适的鞋。

4. 脚的肌肉

在脚的运动中，骨骼是处于被动地位的。由于附着在骨骼上的肌肉进行着拉伸作用，才使得骨骼产生活动。脚上的肌肉有足背肌和足底肌两部分，可使脚趾进行活动。当足背肌收缩时，脚趾伸展；当足底肌收缩时，脚趾弯曲。脚的大部分运动与小腿上的肌肉是分不开的。小腿上的肌肉可分为前群肌、后群肌和外侧群肌三群。前群肌在小腿前面，大部分是伸趾肌。当脚做足背屈和外翻运动时，前群肌在进行着拉伸作用。外侧群肌是足外翻最有力的肌肉，位于小腿的外侧。位于小腿后侧的肌肉群是后群肌，分为深浅两层。浅层肌有小腿三头肌，肌腹就是俗语所说的

"小腿肚子"，三肌延伸到踝关节以上部分，形成了一条有力的跟腱，附着在后跟骨后面，所以能使脚提起，当人体在跑跳时能抬起身体。后群肌的深层肌在浅层肌下面，主要起屈趾和足内翻作用，并可使脚底成弓形。

大多数肌肉都是梭形的，中部粗大，称为肌腹，向两端逐渐变细，最后构成肌腱或肌膜。每块肌肉都有两个附着点——起点和终点。起点是运动时固定不动的端点，终点是运动时活动的端点。每块肌肉至少要跨过一个关节，当肌肉收缩或弛缓的时候，就产生了关节的运动。脚部的伸和屈、内收和外展、内旋和外旋，无论哪一种动作，都是由两组肌肉群来完成的，其中一组肌肉产生收缩作用，另一组肌肉则产生弛缓作用。了解肌肉产生运动的原理，就不难理解为什么穿上不合脚的鞋子会引起腿部发酸、疲劳、膝盖疼痛，甚至造成腰疼。

如果所穿的鞋子过于瘦小，压迫脚趾和脚背，肌肉会受到直接挤压而产生疼痛感。如果所穿的鞋子肥大不合脚，走路时为了防止抬脚造成鞋子脱落，肌肉便会处于紧张收缩状态，想把鞋钩住，其结果必然会使肌肉疲劳、发酸和疼痛。脚上的肌肉群与小腿相连，小腿肌肉群也会与大腿和腰等部位相连，穿着结构不合理的鞋最终会造成一系列疼痛。

5. 脚的血管与神经

人的脚上分布着大量的血管和神经。由于脚处于离心脏最远的位置上，是气血和传导较难到达的器官，因此增加脚部运动，可以促进血液循环。脚也被称为人体的第二心脏，如果脚的血液循环功能减退，静脉血回流不足，会引起局部酸性代谢废物的积聚，这些有害的成分开始引起的是脚的疲劳、沉重，进而引起脚的各种疾病。可见脚对人体健康有重要的作用，为脚设计或选择一双舒适的鞋子，也就显得尤为重要。

脚底部也是身体经络集中的地方，在脚底还有与人体各部位器官相关联的神经反射区。通过刺激这些神经反射点，会改善脚的微循环，能显著地促进疾病的治疗。在此基础上生产的理疗鞋、磁疗鞋、药疗鞋等也受到消费者的欢迎。

中国有句老话，"人老先从脚上老"。可见促进鞋对脚的保健作用是鞋类设计或生产不可推卸的责任，由此开发的休闲鞋、运动鞋、医疗保健鞋等也极大地丰富了市场。

6. 脚的皮肤

覆盖于脚上的皮肤也和全身其他部位的皮肤一样，有着保护肢体、调节体温、排泄废物和感受刺激等作用。皮肤的构造可分为表皮、真皮和皮下组织三层。表皮在最外层，能防止细菌侵入肌体。真皮层在表皮层下面，内有汗腺、脂腺、毛根等皮肤的衍化物，以及血管、淋巴管、神经末梢等。皮下组织在皮肤的最下层，内有血管、淋巴管等。脚趾上的指甲是表皮层衍化成的坚硬、致密、透明的物质。

脚的皮肤能进行呼吸，不断排放出二氧化碳气体，并且排放量随着周围环境温度的升高而增加。如果把脚放在塑料袋子里，同样会有憋闷的感觉，因此选择制鞋材料时要注意它的透气性。

脚在运动后会发热出汗，汗液是通过汗腺向外分泌的。出汗量的多少除了与运动量有关外，还与汗腺分布密度大小有关。在全身皮肤中，手掌和脚底汗腺分布最多，在脚底上又以脚心和跖趾关节部位汗腺分布密度大。汗液中绝大部分是水，此外还有氯化钠、硫等无机物及尿素、脂肪、蛋白质和不易挥发的脂肪酸等有机物。这些有机物在细菌的作用下很容易分解，分解后的产物呈酸性，如不及时清除，会对皮肤产生刺激作用，使鞋袜受到腐蚀，并产生难闻的气味。所以选择制鞋材料时要注意它的吸湿性。

皮肤也能蒸发水分，水分以水蒸气的形式自体内散出。脚在静止状态时以蒸汽形式排出体内水分，起到调节体温的作用，随着负荷的加大，蒸发的水分也越多。在激烈运动时，则是以出汗的形式排水降温。所以在选择制鞋材料时也应注意它的透水汽性。透水汽性差的材料会有"捂"脚的感觉。

为了适应气候的变化，人体会自动调节体温和皮肤温度。人体的正常体温为36.5℃左右，体表温度低于体内温度，四肢温度更低，而脚底温度则最低。当脚处于10～15℃时，易引起感冒，当脚处于10℃以下时，就会引起冻伤。因此，在选择冬季鞋类产品材料时要选择保暖性好的材料，在选择夏季鞋类产品材料时要注意帮面材料的散热性和鞋底材料的隔热性。

三、脚的尺寸变化

脚的尺寸大小会随着外界条件的变化而发生微小的变化。

人的左右脚只是基本上对称，它们在长度和围度上并不完全相等。对于大多数人来说，右脚活动量往往大于左脚，使得右脚在长度和围度上普遍比左脚大。在进行脚型测量时，一般以右脚为基准进行测量。选购鞋时，则两只脚都应当试穿一下，防止选到尺寸不合适的鞋。

人体在负重时，脚的尺寸也会变大。由于人体负重时，加大了脚的承载力，使脚弓消失，从而引起长度和围度上的变大。在设计鞋楦时，应该考虑脚的动态变化。在选择鞋时，不应只是坐着试穿，还应站起来走一走。

季节的变化对脚的尺寸也有影响。夏季天气热，脚的散热量也大，血管和皮肤扩张，血液循环加快，脚的尺寸偏大；而在冬季天冷时，为了减少热量散发，整只脚都处于紧缩状态，脚的尺寸相应偏小。因此脚型测量一般选择在夏季进行。

在脚后跟升高的情况下，脚的尺寸也会变化。一般说来，随着脚后跟的不断升高，前掌受力逐渐加大，引起脚跖围变大而脚跗围减小。在设计高跟鞋和平跟鞋时，应注意由于跟高所引起的跖围上的变化。

第二节　脚型测量

脚的生理构造虽说是大同小异，但脚型尺寸却是千差万别。为了解中国人的脚型特点和脚型变化规律，我国在1965年和1968年进行了两次大型的脚型测量，在全国范围内选了二十几个省市对25万多人进行了调查，从测量的大量数据中找出了中国人脚型的特点，为鞋类的设计开发、鞋号的制定、楦型的研究及制定系列标准提供了参考和依据。

一、有关脚型测量的知识

脚型测量是指对人脚特征部位进行测量。

1. 测量方法

较简单的方法是踩脚印和利用简单工具进行测量，称为简易测量法。借助一定机械装置来测量的方法称为机械测量法，测量效率和准确性较高。电子测量法是目前较好的测量法，利用定向光束、电子扫描等先进技术，在不与脚直接接触的情况下达到测量的目的。

2. 测量姿势

采用站立姿势，使两脚受力平衡，对右脚进行赤脚测量。

3. 测量项目

（1）直接测量时要测量脚的围长和高度。

（2）间接测量时通过脚印图测量脚的长度和宽度。

脚型测量表见表3—1。

表 3—1　　　　　　　　　　脚型测量表

姓名		年龄		性别		日期	
职业		籍贯				肥瘦型	
编号	测量部位	尺寸	部位系数	分析部位		尺寸	部位系数
1	跖围			脚长			
2	跗围			拇趾外突点部位			
3	兜跟围			小趾端点部位			
4	脚腕围			小趾外突点部位			
5	腿肚围			第一跖趾关节部位			
6	膝下围			第五跖趾关节部位			
7	膝下高			前跗骨突点部位			
8	腿肚高			外腰窝部位			
9	脚腕高			舟上弯点部位			
10	后跟突点高			外踝骨中心位置			
11	外踝骨中心下沿点高			踵心部位			
12	舟上弯点高			后跟边距			
13	前跗骨突点高			踵心全宽			
14	第一跖趾关节高			斜宽			
15	拇趾高			外腰窝宽			

二、脚围的测量

脚围是指脚的围度，包括脚的跖围、跗围、兜围、脚腕围、腿肚围、膝下围。脚型直接测量部位如图 3—6 所示。

1. 跖围

脚的跖趾围长简称为脚跖围，指通过脚的第一跖趾关节和第五跖趾关节所测量的围长。为了方便，用字母 S 表示。

测量时，将带子尺平贴在皮肤表面，不能过紧和过松，通过第一、第五跖趾关节环绕一周后，交叉读取数值。下面几个围长测量时要求也相同。

2. 跗围

脚跗围指的是通过脚的前跗骨突点和第五跖骨粗隆点所测得的围长。

人脚的跖围和跗围在大多数情况下并不相等，但经过大量测量的数据整理，确定脚型规律时，规定脚跖围与脚跗围相等。

$$脚跗围 = 脚跖围 \times 100\%$$

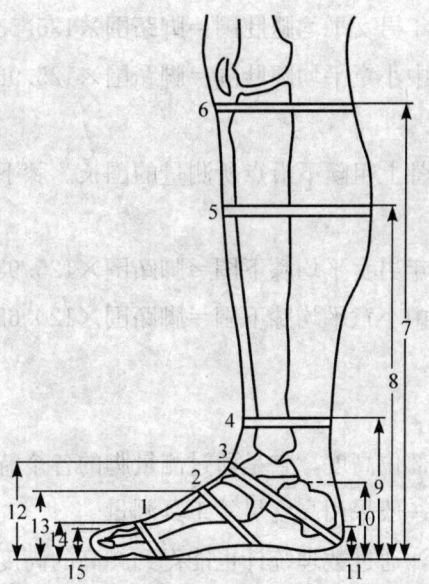

图 3—6 脚型直接测量部位

1—跖趾围长 2—前跗骨围长 3—兜跟围长 4—脚腕围长 5—腿肚围长
6—膝下围长 7—膝下高度 8—腿肚高度 9—脚腕高度 10—外踝骨高度
11—后跟突点高度 12—舟上弯点高度 13—前跗骨最突点高度
14—第一跖趾关节高度 15—拇趾高度

3. 兜围

脚兜跟围简称为脚兜围,指通过舟上弯点和脚后跟所测得的围长。脚兜围尺寸是设计靴鞋产品时重要的控制数据之一。脚兜围与脚跖围的脚型规律关系如下:

成年男女脚兜围=脚跖围×131%

大童脚兜围=脚跖围×130%

中童脚兜围=脚跖围×130.3%

小童脚兜围=脚跖围×129.59%

4. 脚腕围

脚腕围是指通过脚腕最细处所测量的围长。脚腕围尺寸也是设计靴鞋的重要数据之一。脚腕围与脚跖围的脚型规律关系如下:

成年男女平均脚腕围=脚跖围×86.23%

大中小童平均脚腕围=脚跖围×90.25%

5. 腿肚围

腿肚围是指通过腿肚最粗处所测量的围长。脚肚围与脚跖围的脚型规律关系如下:

成年男女平均腿肚围＝脚跖围×135.55％

大中小童平均腿肚围＝脚跖围×125.96％

6. 膝下围

膝下围是指通过腓骨上粗隆下沿点所测量的围长。膝下围与脚跖围的脚型规律关系如下：

成年男女平均膝下围＝脚跖围×125.95％

大中小童平均膝下围＝脚跖围×120.65％

三、脚高的测量

脚高是指脚的特征部位高度，它是通过测量脚的各个特征部位点与水平面的垂直距离所得到的数据。一般采用高度尺等工具测量。

根据脚型测量结果，通过数理统计也能得到脚高的高度系数。全国成年男女及儿童脚型高度系数见表3—2。表3—2中后跟骨上沿点高是通过透视方法测得的，用一般方法无法测量。

表3—2　　　　　全国成年男女及儿童脚型高度系数　　　　　单位：mm

部位名称	高度系数	男25#脚	女23#脚
拇趾高度	8.54％脚长	21.35	19.64
第一跖趾关节高度	14.61％脚长	36.53	33.60
前跗骨突点高度	23.44％脚长	58.60	53.91
舟上弯点高度	32.61％脚长	81.53	75.00
外踝骨中心下沿点高度	20.14％脚长	50.35	46.32
后跟突点高度	8.68％脚长	21.70	19.96
后跟骨上沿点高度	21.66％脚长	54.15	49.82
脚腕高度	52.19％脚长	130.48	120.04
腿肚高度	121.88％脚长	304.70	280.32
膝下高度	154.02％脚长	385.05	354.25

四、脚长的测量

脚长的测量采用的是分析脚印图的方法，从脚印图上测量出脚长及各个特征部位的长度。

1. 脚印图

脚印图是记录脚底形态和特征的图形。通过印油法、灰粉法或专用仪器测量法都可得到脚印图。在制取脚印图时，还应标出脚的特征部位点。脚印图如图 3—7 所示。

2. 脚印图分析

通过对脚印图上的脚长、脚宽、受力情况进行分析，来确定反映脚底特征的控制线。脚印分析图如图 3—8 所示。

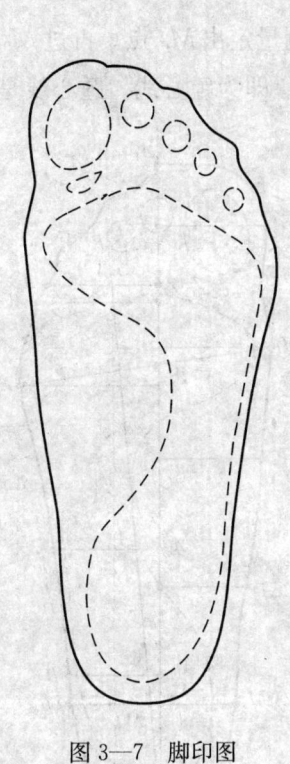

图 3—7　脚印图　　　　图 3—8　脚印分析图

（1）分踵线 RB

R 点选在第三脚趾印的外切点。B 点选在脚后跟脚印线的中线且与脚印线和轮廓线相交后的 1/2 处。连接 R、B 得到分踵线。分踵线表示脚后受力的中线。B 点即设计楦底样后端控制点。

（2）底中线 ZB

Z 点选在第二趾根两个叉点连线的 1/2 处。连接 Z、B 后并上下延长得到底中线。底中线即是脚前掌受力中线，也是设计楦底样的中线。

（3）斜宽线 HH_1

连接第五跖趾关节点 H 和第一跖趾关节点 H_1，得到斜宽线。斜宽线是脚前掌宽度控制线，也是脚弯折部位连线。斜宽线与底中线相交后得到前掌凸度部位控制

点 W。

(4) 脚长 A_1O

过脚趾端点作底中线的垂线交于 A_1 点,过脚后跟突度点作底中线的垂线交于 O 点,连接出 A_1O 即为脚长线。所以脚长是指脚趾端点和脚后跟突度点在底中线上投影间的距离。

(5) 踵心线 M_1M_2

取脚长的 18% 这一数值,自 O 点起在底中线上测量定出 M_0 点。再过 M_0 点作 RB 的垂线,交于脚印轮廓线分别为 M_1 和 M_2,M_1M_2 即为踵心线。踵心线是脚后跟宽度控制线。取脚长 18% 这个比例是各国通用数据。M_1M_2 线与 RB 线相交后得到 M 点,M 点处于脚后跟受力的中心,也是踵心部位凸度控制点。在设计鞋跟时,从受力平衡的角度看,通过 M 点的受力线应当通过跟底面。

五、脚宽的测量

通过脚印图,可以由脚的各个特征部位点作底中线的垂线,从而得到各个特征部位宽度线。脚印宽度分析如图 3—9 所示。

图中较特殊的是后跟后端宽度,称为后跟边距,是底中线与脚印线相交后的 O' 点到 O 点的长度。

从各部位的宽度线上可以明显看出,宽度线由三部分组成,即轮廓宽、脚印宽和边距宽,它们的关系是:

轮廓宽度＝脚印宽度＋边距宽度

同样,对于踵心全宽来说也有:

踵心轮廓全宽＝踵心脚印全宽＋里怀边距宽＋
外怀边距宽

各特征部位宽度线与底中线上的交点,即 A_2、A_3、…、A_{10},也就形成了脚的特征部位点。测量某特征部位长度时,应由 O 点起向上在底中线上测量。

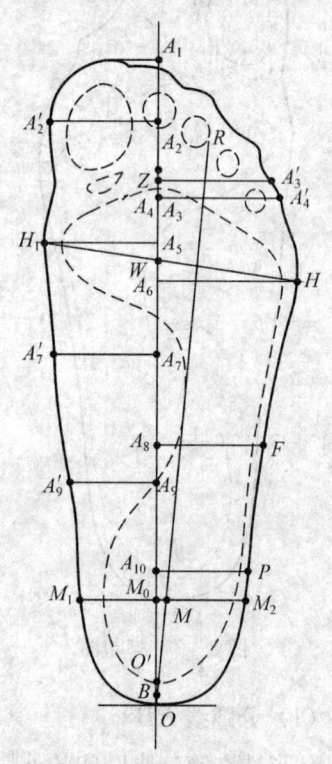

图 3—9 脚印宽度分析

$A_2A'_2$—拇趾外突宽度线
$A_3A'_3$—小趾端宽度线
$A_4A'_4$—小趾外突宽度线
A_5H_1—第一跖趾宽度线
A_6H—第五跖趾宽度线
$A_7A'_7$—前跗骨宽度线
A_8F—外腰窝宽度线
$A_9A'_9$—舟上弯宽度线
$A_{10}P$—外踝骨宽度线
OO'—后跟边距

第三节　脚型规律

脚型规律是指不同地区、不同职业、不同性别、不同年龄人的脚型所具有的共同特点和变化规律。

一、影响脚型规律变化的因素

影响脚型规律变化的因素主要包括年龄、性别、地区和职业，还有环境、气候的变化。

人的年龄越小，脚型变化越大。儿童在1～4岁时，脚长的年增长量约为10 mm，而跖围的年增长量约为9 mm。4岁以后，脚长和跖围增长量逐年减少。到12～13岁以后，脚长年增长量约为7 mm，跖围年增长量约为6 mm。成年后，身体基本停止发育，脚型也基本稳定下来。

二、全国男女脚长分布规律

全国男女脚长的分布符合常态分布，即中等脚长所占的比例大，而脚越长或越短时所占的比例逐渐减小。把这种状态绘制成图形，可得到一条正态分布曲线。通过对这条曲线的分析，可以确定中等脚长，从而制定出中间鞋号，以及投产时鞋号控制的范围和各鞋号投产的比例。男女脚长分布曲线如图3—10所示。

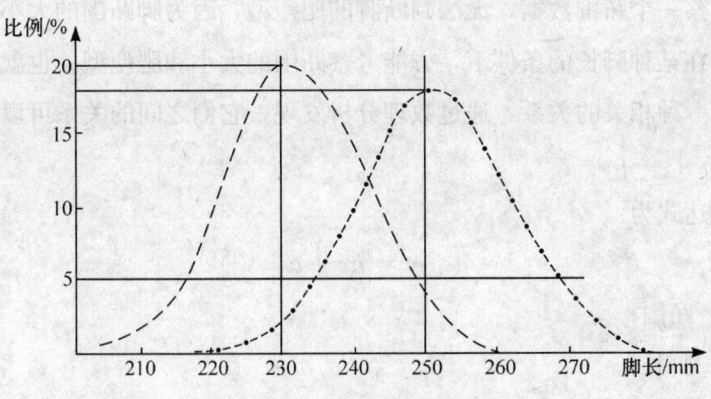

图3—10　男女脚长分布曲线

三、全国男女脚跗围分布规律

全国男女脚跗围的分布规律也符合常态分布，也就是说具有中等跗围的人数所占比例最高，而跗围很大或很小的人所占比例很小。同样，在具有中等脚长的条件下，跗围长度也符合常态分布。男女脚跗围分布曲线如图3—11所示。

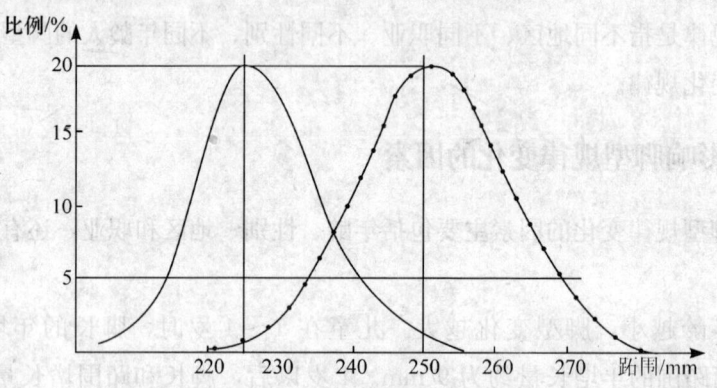

图3—11 男女脚跗围分布曲线

（男子脚长 250 mm，女子脚长 230 mm）

从图3—11中可以看到，即使是在脚长相同的情况下，跗围也有很大差别。根据跗围差别的大小，在实际应用时男鞋安排了5个肥瘦型，女鞋安排了3个肥瘦型，儿童鞋安排的也是3个肥瘦型。

四、脚长与跗围之间的关系

单独考察一个跗围数据，无法判断脚的肥瘦型，因为脚跗围的大小受到脚长的制约，只能在某种脚长的条件下，方能考察跗围的大小和肥瘦型。也就是脚长和脚跗围间存在一种相关的关系，通过数理分析发现，它们之间的关系可以用直线回归方程来表示。

数学表达式为：

$$y = bx + a$$

式中　y——跗围；

　　　x——脚长；

　　　b——回归常数，在实际应用中取 0.7；

　　　a——常数，a 与脚的肥瘦型有关，在肥瘦型为 N 型时，a 等于 $50.5 + 7N$。

即：跗围 = 0.7 × 脚长 + 常数

设跖围为 S，脚长为 L，肥瘦型为 N，则 $S=0.7L+50.5+7N$。

对于儿童脚来说：$S=0.9L+4.5+7N$。

通过脚长与脚跖围的相关关系，可以求出任一肥瘦型中任一脚长的跖围。

例 3—1　某男子 $N=3$，$L=250$ mm 时：

$$S=0.7L+50.5+7N$$
$$=0.7\times 250+50.5+7\times 3$$
$$=246.5\text{（mm）}$$

例 3—2　某女子 $N=2$，$L=230$ mm 时：

$$S=0.7L+50.5+7N$$
$$=0.7\times 230+50.5+7\times 2$$
$$=225.5\text{（mm）}$$

例 3—3　某儿童 $N=2$，$L=170$ mm 时：

$$S=0.9L+4.5+7N$$
$$=0.9\times 170+4.5+7\times 2$$
$$=171.5\text{（mm）}$$

五、部位系数

部位系数是表示脚各个特征部位的长度、宽度、围度、高度上的比例关系。

1. 长度系数

长度系数是指脚的各个特征部位在底中线上的长度与脚长的百分比。

$$长度系数=\frac{特征部位长}{脚长（L）}\times 100\%$$

根据脚型测量结果，经数理统计后可整理出一组有规律的数值。全国成年男女及儿童脚型长度系数见表 3—3。

表 3—3　　　　　　　全国成年男女及儿童脚型长度系数　　　　　　单位：mm

项目 部位名称	长度位置	规律值	男 25# 脚	女 23# 脚
脚长（L）	OA_1	100%脚长	250.00	230.00
拇趾外突点部位	OA_2	90%脚长	225.00	207.00
小趾端点部位	OA_3	82.5%脚长	206.25	189.75
小趾外突点部位	OA_4	78%脚长	195.00	179.40
第一跖趾关节点部位	OA_5	72.5%脚长	181.25	166.75

续表

项目 部位名称	长度位置	规律值	男25#脚	女23#脚
第五跖趾关节点部位	OA_6	63.5%脚长	158.75	146.05
前跗骨突点部位	OA_7	55.3%脚长	138.25	127.19
外腰窝部位	OA_8	41%脚长	102.50	94.30
舟上弯点部位	OA_9	38.5%脚长	96.25	88.55
外踝骨中心部位	OA_{10}	22.5%脚长	56.25	51.76
踵心部位	OM_0	18%脚长	45.00	41.40
后跟边距	$2 \times OB$	4%脚长	10.00	9.20
前掌凸度部位	OW	68.8%脚长	172.00	158.24

随着生活环境的变化，现代人的脚型普遍偏长偏瘦。原来的男/女中间号分别为25#/23#，现在也常用25.5#/23.5#代替，原来的男女肥瘦型分别为Ⅲ型/Ⅱ型，现在也常用Ⅱ型半/Ⅰ型半代替。尽管现代人脚型测量的数值与早期测量结果有许多不同，但脚型特点、脚型变化规律仍然没有大的变化，上述规律值在生产中仍在继续使用。

2. 围度系数

围度系数是指脚的各个特征部位的围度与脚跖围的百分比。

$$围度系数 = \frac{特征部位围度}{脚跖围（S）} \times 100\%$$

有关围度系数规律值，参见上节有关跖围内容。

3. 宽度系数

宽度系数是指脚的各个特征部位宽度与脚的基本宽度的百分比。

$$宽度系数 = \frac{特征部位宽度}{基本宽度} \times 100\%$$

基本宽度为第一跖趾里与第五跖趾外宽之和。宽度系数在生产和设计中不常用。

4. 高度系数

高度系数是指脚的各个特征部位高度与脚长的百分比。

$$高度系数 = \frac{特征部位高度}{脚长（L）} \times 100\%$$

有关高度系数值参见表3—2。

第四节 鞋 号

鞋号是鞋子大小和肥瘦的一种标志。一般以长度号表示鞋子的长度，以肥瘦型表示鞋子的肥度。鞋号是根据脚型规律来制定的，各国各地区的鞋号都有自己的制定方法，它反映着本国本地区的脚型特点和变化规律。

一、中国鞋号

中国鞋号有新号和旧号的区别。旧的鞋号各种鞋不统一，皮鞋一般用标准法码表示，拖鞋用英码表示，布鞋用寸表示，胶鞋用不规范的法码表示，军鞋用1～5号表示。由于各地区各企业都有一套定号的标准，使用比较混乱，造成不同品种鞋在同一号时尺寸相差很大，而同一双脚穿不同种类的鞋时其鞋号也各不相同。鞋号不统一，给消费者、生产厂家、市场流通都带来了不便。中国新鞋号特点：一是在全国脚型测量的基础上以脚长（cm）为基础制定的；二是使皮鞋、布鞋、胶鞋、塑料鞋的鞋号达到统一；三是新鞋号范围从婴儿的9#开始，到成年人的30.5#止，共有44个鞋号，分档清晰。这在制鞋发展史上有着重要的意义。

中国统一新鞋号自1971年起逐步推广，有关规定简述如下：

1. 有关号的规定

号是楦、脚、鞋的长度标志。中国鞋号是以脚长（cm）为基础制定的，两整号之间有半号。

如某男脚长25 cm，即为25#脚，适合穿25#的鞋，用25#的鞋楦来生产。再如某女脚长23.5 cm，即为23.5#脚，适合穿23.5#的鞋，用23.5#的鞋楦来生产。由于测量出的人脚长度并不一定都是整数或半整数，当脚长厘米数处在两个鞋号之间时，按"四舍五入"的原则处理。但这只是一种统计方法，在选购鞋时还应按自己的习惯来决定。例如，脚长为23.24 cm时属于23#，脚长为23.25 cm时属于23.5#，其余鞋号也照此推算。

中国鞋号范围从婴儿的9#开始，到成年人的30.5#止，共有44个鞋号。在鞋号全部范围内又分为不同的档，包括婴儿、小童、中童、大童、成年女子、成年男子六个档。在各个档次中，较居中的鞋号又称为中间号。中间号是同档鞋号中的一个代表号，在设计帮样、底样、楦型时，都是先设计出中间号的样板，然后再经过扩缩制取全号样板。中国鞋号分档见表3—4。

表3—4　　　　　　　　　　中国鞋号分档

分档＼鞋号	鞋号范围	中间号	特大号
婴儿	9#～12.5#	11#	—
小童	13#～16#	14.5#	—
中童	16.5#～19.5#	18#	—
大童	20#～23#	21.5#	—
成年女子	21.5#～25#	23#（23.5#）	25.5#及更大
成年男子	23.5#～27#	25#（25.5#）	27.5#～30.5#

在中国鞋号的分档中，有时也用"小童、大童、中人"代替"小童、中童、大童"这三档。

随着鞋号的变化，鞋号所代表的楦长、脚长、鞋长也会发生变化，从而形成了号差。把相邻两号间楦底样长度的差值称为号差。整号差的差值是±10 mm，半号差的差值是±5 mm。

例3—4　某男楦25#时其楦底样长265 mm，则25.5#时、24#时楦底样长是多少？

用 L 表示楦底样长，则：

$$25.5^\# 时 L=265+5=270 \text{（mm）}$$

$$24^\# 时 L=265-10=255 \text{（mm）}$$

例3—5　某女楦23#时其楦底样长242 mm，则24#时、22.5#时楦底样长是多少？

$$24^\# 时 L=242+10=252 \text{（mm）}$$

$$22.5^\# 时 L=242-5=237 \text{（mm）}$$

2. 有关"型"的规定

"型"是楦、脚、鞋的肥度标志。型是以脚跖围为基础制定的，两整型之间有半型。在脚长相同时，根据脚跖围的不同，在成年男子脚型中制定了五个型，一型最瘦，五型最肥，三型为中间型。半型安排在两个整型之间。根据目前脚型变化的特点，生产中常以男子二型半、女子一型半作为中间型。

在型发生变化时，楦脚鞋的围度也会发生相应的变化，从而产生了型差。型差是指在同一长度号中，相邻两型间跖围的差值。整型差为±7 mm，半型差为

±3.5 mm。

型差的数值是根据感觉极限实验得到的。人脚在穿鞋时,对鞋的肥瘦有一个适应的范围,根据感受,总可以找到一双肥度最合适的鞋。根据许多人感觉极限的结果,找到其中的变化规律,也就是在穿某一最适肥度时如果有半个型左右的变化仍可穿,这半个型的变化即±3.5 mm。

鞋号的变化不仅会引起长度上的变化(号差),也会引起围度上的变化,称为跖围号差,简称围差。围差是指在同一肥瘦型内,相邻两号间跖围长度的差值。整围差是±7 mm,半围差是±3.5 mm。围差表示在脚长变化 10 mm 时,跖围变化 7 mm,这是根据脚型测量得到的脚型变化规律。型差与围差的差值是相等的,但它们所表示的意义和确定方法却各不相同。

例 3—6 某男楦在 $25^\#$ 三型时,$S=243$(mm)

变成二型半时,$S=243-3.5=239.5$(mm)

变成二型时,$S=243-7=236$(mm)

变成 $25.5^\#$ 三型时,$S=243+3.5=246.5$(mm)

变成 $26^\#$ 三型时,$S=243+7=250$(mm)

变成 $25.5^\#$ 二型半时,$S=243+3.5-3.5=243$(mm)

变成 $24^\#$ 二型时,$S=243-7-7=229$(mm)

统一后的中国新鞋号有利于鞋业界的交流、开发,有利于新工艺、新材料、新技术的推广,有利于制鞋生产的规格化、机械化和现代化。由于中国新鞋号是以中国人脚型为基础测量制定的,所以符合中国人脚型特点,穿着舒适合脚。又由于鞋号规定范围较广,使用起来方便,基本上能达到比脚做鞋。

二、外国鞋号

外国鞋号也有一套制定方法,在应用中主要是引用号差、围差及型差的变化。

1. 法国鞋号(法码)

法国鞋号是世界上应用最广的鞋号之一,普遍流行于欧洲大陆,意大利也采用法码。

法码采用的是楦底样长的厘米制。这与用脚长为基准制定的鞋号有很大不同。法码的长度号差是 2/3 cm,相当于 6.67 mm。开始记号的长度是 100 mm,相当于 $15^\#$,终止号是 $48^\#$,楦底样长度是 320 mm。中间设立的档次包括婴儿、小童、中童、大童、成年女子、成年男子,见表 3—5。

表 3—5　　　　　　　　　　　　法码分档

分档 \ 鞋号	鞋号范围	中间号	楦底样长 L/mm
婴儿（2～18个月）	16#～22#	19#	126.67
小童（2～4$\frac{1}{2}$岁）	23#～26#	24#	160
小童（5～7$\frac{1}{2}$岁）	27#～29#	28#	186.67
中童（8～10岁）	30#～33#	31#	206.67
大童（10$\frac{1}{2}$～14岁）	34#～39#	36#	240
成年女子	34#～42#	36#	240
成年男子	38#～48#	41#	273.33

法码楦底样长可用下面公式计算：

$$L = 法码 \times 20/3 \text{（mm）}$$

例 3—7　男子 40# 时：

$$L = 40 \times 20/3 = 266.67 \text{（mm）}$$

法码的肥瘦型分为七个档次，用 A、B、C、D、E、F、G 来表示，或以 1、2、3、4、5、6、7 来表示。A（1）型最瘦，G（7）型最肥，成年男女常以 F（6）型为中间型。在跖围中，楦底斜宽占跖围 38%，里怀楦面占跖围 30%，外怀楦面占跖围 32%。法码的型差是 ±5 mm。

法码围差为 4 mm 或 5 mm。一般鞋号围差是 4 mm，遇到"6"或"1"时，即 16#、26#、36#、46# 或 21#、31#、41# 时围差为 5 mm。法国鞋号（节选）见表 3—6。

表 3—6　　　　　　　　　　法国鞋号（节选）　　　　　　　　　　　单位：mm

号 \ 楦底样长 L \ 跖围 S \ 型 N		A	B	C	D	E	F	G
		1	2	3	4	5	6	7
35	233.3	185	190	195	200	205	210	215
36	240	189	194	198	204	209	214	219
37	246.7	194	199	204	209	214	219	224
38	253.3	198	203	208	213	218	223	228
39	260	202	207	212	217	222	227	232

续表

号 \ 楦底样长 L \ 跗围 S	型 N	A 1	B 2	C 3	D 4	E 5	F 6	G 7
40	266.7	206	211	216	221	226	231	236
41	273.3	210	215	220	225	230	235	240
42	280	215	220	225	230	235	240	245

使用法码时应注意，由于没有半号和半型的存在，也就没有半号差、半型差和半围差。

2. 英国鞋号（英码）

英国鞋号也是世界上应用最广的鞋号之一，通用于英国、澳大利亚、南非等英联邦国家。

英码采用的是楦底样长英寸制，制定方法与法码相似，1 in＝2.54 cm。长度整号差为 1/3 in，半号差为 1/6 in。制定英码时因为是从大号开始，以楦底样长 $12\frac{2}{3}$ in 定为 13 号，然后逐渐向下每间隔 1/6 in 定出半个号，每间隔 1/3 in 定出一个号，所以出现了 $12\frac{1}{2}$ 号、12 号、$11\frac{1}{2}$ 号、11 号等，直到相当于"0"号的位置，又改为儿童鞋 13 号，再逐渐下排到婴儿"0"号，这"0"号作为英码的起始号，其起始长度是 4 in。4 in 长度为 101.6 mm。

英码分档如下：

婴儿：0～6 号　　　　　　少男：11～成人 5 号
男孩：7～10 号　　　　　　少女：成人 2～5 号
女孩：7～成人 1 号　　　　成年女子：成人 2～8 号
成年男子：成人 5～12 号

英码肥度的划分较为复杂，对男女童鞋的要求也各不相同。

在正常情况下，型差为 1/4 in，特殊时为 3/16 in。

在正常情况下，围差也为 1/4 in，半围差为 1/8 in。特殊情况下，围差为 3/16 in，半围差为 3/32 in。男鞋、少年男女的鞋、女鞋中 A、B、C 型鞋属于正常变化，而男孩鞋、女孩鞋、女鞋过肥过瘦时，都属于特殊变化。常用英码男鞋（节选）见表 3—7。

表 3—7　　　　　　　　　　常用英码男鞋（节选）　　　　　　　　　　单位：in

鞋　号	5	$5\frac{1}{2}$	6	$6\frac{1}{2}$	7	$7\frac{1}{2}$	8	$8\frac{1}{2}$	9
楦底样长	10	$10\frac{1}{6}$	$10\frac{1}{3}$	$10\frac{1}{2}$	$10\frac{2}{3}$	$10\frac{5}{6}$	11	$11\frac{1}{6}$	$11\frac{1}{3}$
D 型	$8\frac{1}{2}$	$8\frac{5}{8}$	$8\frac{3}{4}$	$8\frac{7}{8}$	9	$9\frac{1}{8}$	$9\frac{1}{4}$	$9\frac{3}{8}$	$9\frac{1}{2}$
E 型	$8\frac{3}{4}$	$8\frac{7}{8}$	9	$9\frac{1}{8}$	$9\frac{1}{4}$	$9\frac{1}{2}$	$9\frac{5}{8}$	$9\frac{3}{4}$	
F 型	9	$9\frac{1}{8}$	$9\frac{1}{4}$	$9\frac{3}{8}$	$9\frac{1}{2}$	$9\frac{5}{8}$	$9\frac{3}{4}$	$9\frac{7}{8}$	10
G 型	$9\frac{1}{4}$	$9\frac{3}{8}$	$9\frac{1}{2}$	$9\frac{5}{8}$	$9\frac{3}{4}$	$9\frac{7}{8}$	10	$10\frac{1}{8}$	$10\frac{1}{4}$
备注			号差：$\frac{1}{3}$		半围差：$\frac{1}{8}$		围差：$\frac{1}{4}$		型差：$\frac{1}{4}$

英码女鞋号相对复杂，形式类似英国老鞋号。肥瘦型分为 11 个档，其中 A、B、C 型为正常变化肥瘦型；AA、AAA、AAAA 则越来越瘦，为过瘦型；D、E、EE、EEE、EEEE 则越来越肥，属于过肥型。过肥过瘦都属于特殊变化。女鞋号是以 B 型、$5\frac{1}{2}$ 号的跖围 $8\frac{1}{16}$ in 为基础，根据型差、围差的变化推出的。英码女鞋号（节选）见表 3—8。

表 3—8　　　　　　　　　　英码女鞋号（节选）

型＼号	4	$4\frac{1}{2}$	5	$5\frac{1}{2}$	6	$6\frac{1}{2}$	7	$7\frac{1}{2}$
AAAA	$6\frac{31}{32}$	$7\frac{1}{16}$	$7\frac{5}{32}$	$7\frac{1}{4}$	$7\frac{11}{32}$	$7\frac{7}{16}$	$7\frac{17}{32}$	$7\frac{5}{8}$
AAA	$7\frac{5}{32}$	$7\frac{1}{4}$	$7\frac{11}{32}$	$7\frac{7}{16}$	$7\frac{17}{32}$	$7\frac{5}{8}$	$7\frac{23}{32}$	$7\frac{13}{16}$
AA	$7\frac{11}{32}$	$7\frac{7}{16}$	$7\frac{17}{32}$	$7\frac{5}{8}$	$7\frac{23}{32}$	$7\frac{13}{16}$	$7\frac{29}{32}$	8
A	$7\frac{7}{16}$	$7\frac{9}{16}$	$7\frac{11}{16}$	$7\frac{13}{16}$	$7\frac{15}{16}$	$8\frac{1}{16}$	$8\frac{3}{16}$	$8\frac{5}{16}$
B	$7\frac{11}{16}$	$7\frac{13}{16}$	$7\frac{15}{16}$	$8\frac{1}{16}$	$8\frac{3}{16}$	$8\frac{5}{16}$	$8\frac{7}{16}$	$8\frac{9}{16}$
C	$7\frac{15}{16}$	$8\frac{1}{16}$	$8\frac{3}{16}$	$8\frac{5}{16}$	$8\frac{7}{16}$	$8\frac{9}{16}$	$8\frac{11}{16}$	$8\frac{13}{16}$
D	$8\frac{7}{32}$	$8\frac{5}{16}$	$8\frac{13}{32}$	$8\frac{1}{2}$	$8\frac{19}{32}$	$8\frac{11}{16}$	$8\frac{25}{32}$	$8\frac{7}{8}$
E	$8\frac{13}{32}$	$8\frac{1}{2}$	$8\frac{19}{32}$	$8\frac{11}{16}$	$8\frac{25}{32}$	$8\frac{7}{8}$	$8\frac{31}{32}$	$9\frac{1}{16}$
EE	$8\frac{19}{32}$	$8\frac{11}{16}$	$8\frac{25}{32}$	$8\frac{7}{8}$	$8\frac{31}{32}$	$9\frac{1}{16}$	$9\frac{5}{32}$	$9\frac{1}{4}$
EEE	$8\frac{25}{32}$	$8\frac{7}{8}$	$8\frac{31}{32}$	$9\frac{1}{16}$	$9\frac{5}{32}$	$9\frac{1}{4}$	$9\frac{11}{32}$	$9\frac{7}{16}$
EEEE	$8\frac{31}{32}$	$9\frac{1}{16}$	$9\frac{5}{32}$	$9\frac{1}{4}$	$9\frac{11}{32}$	$9\frac{7}{16}$	$9\frac{17}{32}$	$9\frac{5}{8}$

表中在过肥和过瘦时，半号差用 3/32 in，型差用 3/16 in。

常用的换算数据如下：

整号差 $\frac{1}{3}$ in＝8.467 mm　　　　　围差 $\frac{1}{4}$ in＝6.35 mm

半号差 $\frac{1}{6}$ in＝4.233 mm　　　　　半围差 $\frac{1}{8}$ in＝3.175 mm

型差 $\frac{1}{4}$ in＝6.35 mm　　　　　　特殊围差 $\frac{3}{16}$ in＝4.763 mm

特殊型差 $\frac{3}{16}$ in＝4.763 mm　　　　特殊半围差 $\frac{3}{32}$ in＝2.381 mm

3. 美国鞋号

美国鞋号与英国鞋号一样，也属于楦底长英寸制。它的记号方法与英国鞋号相同，长度号差为 $\frac{1}{3}$ in，即 8.467 mm，半号差为 4.233 mm；肥瘦号差为 $\frac{1}{4}$ in，即 6.35 mm；肥瘦型差为 $\frac{1}{2}$ in，即 12.7 mm；宽度等差为 $\frac{3}{32}$ in，即 2.381 mm。

美国鞋号以 $3\frac{11}{12}$ in 为基数开始记号，儿童鞋的 1 号＝$\left(3\frac{11}{12}+\frac{1}{3}\right)$ in＝$4\frac{1}{4}$ in，即 108 mm，鞋号范围分为 1～13 号；成人鞋号以儿童 13 号为基数开始记号，鞋号范围也是分为 1～13 号，中间安排有半号。

但是美国女鞋和女童鞋与英码差距较大。

4. 前捷克鞋号

前捷克鞋号也是欧洲大陆使用较多的一种鞋号，该鞋号分新、旧两种编码形式。前捷克旧鞋号采用楦底长厘米制，长度号差为 10 mm，中间安排有 1/3 cm 和 2/3 cm 两个分号，其表示方法为 24、$24\frac{1}{3}$、$24\frac{2}{3}$、25 等，楦底长多少厘米就是多少号。

1979 年前捷克编制了新鞋号（捷克标准 CSM－79－5020），仍采用楦底长厘米制，长度号差也是 10 mm。不过中间只安排了一个 5 mm 的半号，其表示方法为 24、$24\frac{1}{2}$、25 等。前捷克新鞋号共设有五个肥瘦型，用 E、F、G、H、I 表示。E 型最瘦，I 型最肥，肥瘦型差为 6 mm，肥瘦号差为 2 mm、3 mm 和 4 mm。成人鞋肥瘦号差（包括半号），一般是一个号是 3 mm，一个号是 4 mm，轮流循环使用。

5. 日本鞋号

日本鞋号也分新、旧两种编码法。旧鞋号采用楦底长厘米制，它的长度号差为

24 mm，半号为 12 mm。从 0 开始记号，儿童由 $4\frac{1}{2}$ 号开始，其楦底样长为 $4\frac{1}{2}\times$ 24＝108 mm。成人最大号是 13 号，其楦底样长为 13×24＝312 mm。

目前，日本已使用新鞋号。日本新鞋号采用的是脚长厘米制，长度号差为 10 mm，设有半号。肥瘦号差为 6 mm 和 7 mm，肥瘦型差为 6 mm，半型差为 3 mm。

6. 国际标准鞋号 Mondopo int

1971 年 11 月，国际标准化组织第 137 技术委员会（ISO/TC.137），采纳了 Mondopo int 为国际标准鞋号。该鞋号的特点是，以脚长毫米制为制定鞋号的基础，以脚宽即脚的跖趾关节斜宽为制定肥瘦型号的基础。长度号差为 5 mm、7 mm 和 7.5 mm 三种。长度号差 5 mm 多用于女鞋、童鞋和高档男鞋。长度号差 7 mm 和 7.5 mm 多用于模压鞋、系带鞋和拖鞋。

脚宽号差为 2 mm、2.8 mm 和 3 mm。

脚宽型差为 4 mm（脚宽为脚跖围的 40%）。脚宽有三个肥瘦型，即脚跖围若为 230 mm，则脚宽为 230×40%＝92 mm。鞋号的表示方法为 230/92、250/90、255/92 等。其分子表示脚长，分母表示脚宽。

近年来，各国都陆续对旧鞋号进行了改进，采用了新鞋号，而且以脚长毫米制的鞋号为多。

各国鞋号一览表见表 3—9。

表 3—9　　　　　各国鞋号一览表

名称	单位	编码法 国名	楦底长英寸制		楦底长厘米制		脚长毫米制					
			英国	美国	法国	捷克	国际号	中国统一号	苏联	联邦德国	日本	匈牙利	瑞士
长度号差	in		1/3	1/3									
	mm		8.46	8.46	2/3cm 6.67	10	5、7、7.5	10	10	10	10	10	10
半号等差	mm		4.23	4.23	3.34	5		5	5	5	5	5	5
跖围号差	mm		2.5 或 3	6.35	4.5		2、3、4		7	6			4
跖围型差	mm		5	12.7	5	6		7	4				6
脚宽号差	mm						2、2.8、3			1、2		2	
脚宽型差	mm						4		3、2		2		

续表

编码法 名称 单位 国名			楦底长英寸制		楦底长厘米制		脚长毫米制					
			英国	美国	法国	捷克	国际号	中国统一号	苏联	联邦德国	日本	匈牙利	瑞士
宽度等差	mm			2.38								
起号	儿童 mm		110	108	106.67							
基数	成人 mm		220.1	217.98								
肥瘦型个数	个		7		7	5		5	12	5		12

三、不同鞋号间的换算

中国鞋号与英码、法码、美码间没有一一对应的关系，鞋号之间的换算是以楦底样长为媒介，换算成相当的号数。

中国鞋号标准楦底样长：男 25# 为 265 mm，女 23# 为 242 mm。号差为 ±10 mm 和 ±5 mm。

$$法国鞋号楦底样长 = 法码 \times 20/3 \text{（mm）}$$

$$正常变化的英码楦底样长 = 4 + (成人号 + 儿童号) \times \frac{1}{3} \text{（in）}$$

例 3—8 法码为 40 号男鞋时：

$L = 40 \times \frac{20}{3} = 266.67$ （mm），相当于中国 25# 男鞋。

法码为 36 号女鞋时：

$L = 36 \times \frac{20}{3} = 240$ （mm），相当于中国 23# 女鞋。

例 3—9 英码为 $6\frac{1}{2}$ 号男鞋时：

$L = 4 + (13 + 6.5) \times \frac{1}{3} = 10.5$ （in）$= 266.7$ （mm），相当于中国 25# 男鞋。

英码为 $3\frac{1}{2}$ 号女鞋时：

$L = 4 + (13 + 3.5) \times \frac{1}{3} = 9.5$ （in）$= 241.3$ （mm），相当于中国 23# 女鞋。

例 3—10 美码男鞋为 $7\frac{1}{2}$ 号时：

根据美码男鞋与英码之间的关系，美码的 $7\frac{1}{2}$ 号鞋，与中国 25# 男鞋相当。

美码女鞋为5号时：

查表可知美码女鞋为5时，其楦底样长为 $9\frac{1}{2}$ in，相当于中国 23# 女鞋。

在鞋用带子尺的背面印有英国鞋号和法国鞋号，通过与带子尺正面印有的毫米数的关系，也可进行鞋号换算。

例如，中国男鞋号所对应的脚长加上 15 mm 后，与带子尺背面对应英法鞋码相当。25# 男鞋相应的长为 250 mm，加上 15 mm 后为 265 mm，与查得尺子背面对应英码 $6\frac{1}{2}$ 号、法码 40 号近似。中国女鞋号所对应的脚长加上 12 mm 后，也与带子尺背面对应的英法鞋号相当。23# 女鞋相当于脚长 230 mm，加上 12 mm 后为 242 mm，与查得尺子背面对应英码 $3\frac{1}{2}$ 号、法码 36 号近似。

根据国家技术监督局 1998 年 1 月 16 日发布、我国等同采用的国际标准，对现行鞋号标准有所改变，主要内容有：

· 测量脚长、脚围、脚宽时，有"穿着与鞋的类型相适应的袜子进行测量"的要求。

· 鞋号标志应包括"脚长示值"和"脚宽示值"，用毫米数表示，彼此间用斜线隔开。例如 264/94，表示鞋号为 260 号（即现在"26"），脚宽 94 mm。

本书中仍以原鞋号制定为依据。需要更改时请参照 GB/T 3293.1—1998。

第五节 楦 型

鞋楦是指能使鞋内腔保持一定规格尺寸的胎具。鞋楦的造型是仿人的脚型设计的，但这并不是一种简单的重复，而是在科学化的基础上进行美化和艺术化的处理。鞋楦是专用于制鞋生产，也称为楦头、楦子。楦型则是指楦体的结构和造型。

我国历史上早在唐朝就已经利用鞋楦来生产鞋，不过那时的鞋楦还不分左右脚，和现代鞋楦有很大区别。

鞋楦是鞋的母体，同样是鞋成型的载体。它不仅决定鞋的长短和肥瘦，而且还决定鞋穿着是否舒适合脚。鞋楦不仅用来加工鞋，而且还是设计帮样和底部件、模具型腔必不可少的工具。设计鞋楦是依据脚型规律来进行的，一方面要满足消费者的审美情趣，如鞋头、鞋跟的造型等，另一方面还必须满足脚对楦体的厚度、长度、宽度等的具体要求。只有选用好的楦型，才可能设计出好的样品，生产出高质量高品位的鞋。

一、鞋楦的结构

鞋楦是人类的造型产物，与脚的自然形体是不相同的。把楦看成一个形体，那么它有左脚楦和右脚楦的区别。楦的拇趾一侧称为里怀，小趾一侧称为外怀。楦体是由三个曲面构成的，最下面的曲面为楦底面，最上面的曲面为楦统口面，四周围的曲面构成楦侧面，如图3—12所示。

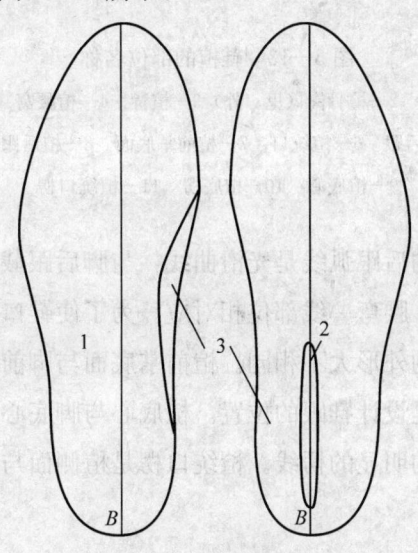

图3—12 鞋楦的曲面名称
1—楦底面 2—楦统口面 3—楦侧面

1. 鞋楦的部位名称

鞋楦的部位名称主要来自于脚的部位名称。鞋楦的部位名称如图3—13所示。

楦前头也称为楦前尖、前嘴，与脚趾前端相对应。鞋楦的造型变化以楦前头的造型最为明显，尖头楦、方头楦、圆头楦等由此而生。楦骨岗是指楦前身两侧突出的部位，有里骨岗和外骨岗的区别，与脚的第一和第五跖趾关节相对应。也有称这部位为楦两腮的。鞋的斜宽、跗围，主要由骨岗的造型决定，鞋的抱脚能力也与楦骨岗有关。楦背也称楦跗面，与脚背相对应。鞋压不压脚背，能不能穿进去，与楦背高度有关。楦腰窝也有里腰窝和外腰窝的区别，与脚腰窝部位对应。楦里腰窝有一明显的凹形造型，凹进程度受到鞋品种的影响。例如，速滑冰鞋楦里腰窝凹进程度最大，以增加抱脚能力。鞋跟高度的增加，也会使里腰窝凹度增加。楦后跟与脚

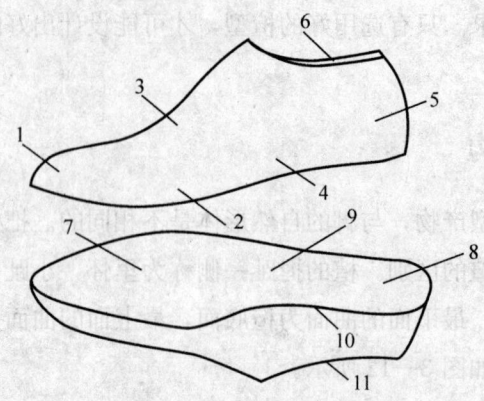

图 3—13　鞋楦的部位名称

1—楦前头　2—楦骨岗（里、外）3—楦背　4—楦腰窝（里、外）

5—楦后跟　6—楦统口　7—楦前掌底面　8—楦后跟底面

9—楦底心　10—楦底楞　11—楦统口楞

的后跟相对应，不过楦的后跟弧线是光滑曲线，与脚后跟截然不同。楦统口是鞋楦的收拢部位，与脚踝骨、腰弯一线部位相对应。为了使鞋口收拢抱脚，统口部位造型呈收缩瘦小状，与脚的外形大不相同。楦前掌底面与脚前掌相对应。楦后跟底面与脚后跟底面相对应，是设计鞋跟的位置。楦底心与脚底心相对应。楦底楞是楦侧面与楦底面相交后形成的明显的楞线。楦统口楞是楦侧面与楦统口面相交后形成的又一明显的楞线。

2. 鞋楦的控制线

鞋楦上的控制线有以下几种：

（1）楦体中线

楦体中线包括背中线、底中线、后跟弧中线和统口中线四条。楦体的四条中线如图 3—14 所示。

将统口前端点 U_1 和统口后端点 U_2 在统口面上用直线连接后形成统口中线

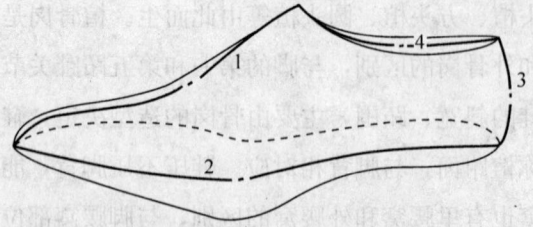

图 3—14　楦体的四条中线

1—背中线　2—底中线　3—后跟弧中线　4—统口中线

（见图 3—15b）。将楦底前端点 A 和楦体后端点 B 在楦底面上用直线连接后形成底中线。在楦背部的曲面上用直线连接 A 点和 U_1 点形成背中线。在楦后跟弧曲面上直线连接 U_2 点和 B 点形成后跟弧中线。

四条中线构成一封闭曲线。对于端正的楦体来说，四条中线应处在同一平面上，沿四条中线剖开，便形成了楦的纵剖面。楦体的里怀与外怀的分界线正是这四条中线。对于皮鞋设计来说，在楦面上熟练又准确地画出四条中线是设计人员必备的基本技能。

楦体上的 A 点为楦的前端点，它是背中线、底中线和楦底棱线这三条线的交点。同样楦体上的 B 点为楦的后端点，它是后跟弧中线、底中线和楦底棱线的三线交点。

(2) 楦长度线

楦长度线包括楦体长度和楦面长度两部分。如果用卡尺测量时，属于直线测量，得到的是楦体长度。如果用带子尺沿着楦面测量时，属于曲线测量，得到的是楦面长度。楦长度线如图 3—15 所示。

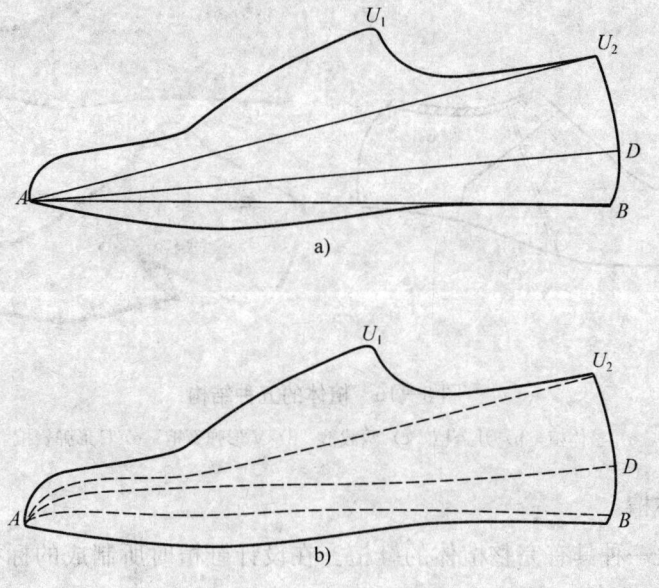

图 3—15 楦长度线
a) 楦体长度控制线　b) 楦面长度控制线

图 3—15a 中：AU_2——楦斜长，AD——楦全长，AB——楦底长。

图 3—15b 中：AU_2——楦面斜长，AD——楦面全长，AB——楦面底长。

自楦底面用带子尺测量 AB 长度则为楦底样长。

楦体长度控制线用来控制楦体造型和楦型检测，楦面长度控制线用来进行帮样设计。

二、鞋楦的分类

鞋楦的种类有很多，根据不同的需要可以从结构、材质、造型、品种等方面进行划分。在帮结构设计之前，要对各种鞋楦进行充分了解，以便于选择应用。

1. 按楦体结构分类

从楦体结构上看，主要有整体楦、开盖楦、两截楦和弹簧楦（包括V形弹簧楦和C形弹簧楦）。楦体的五种结构如图3—16所示。

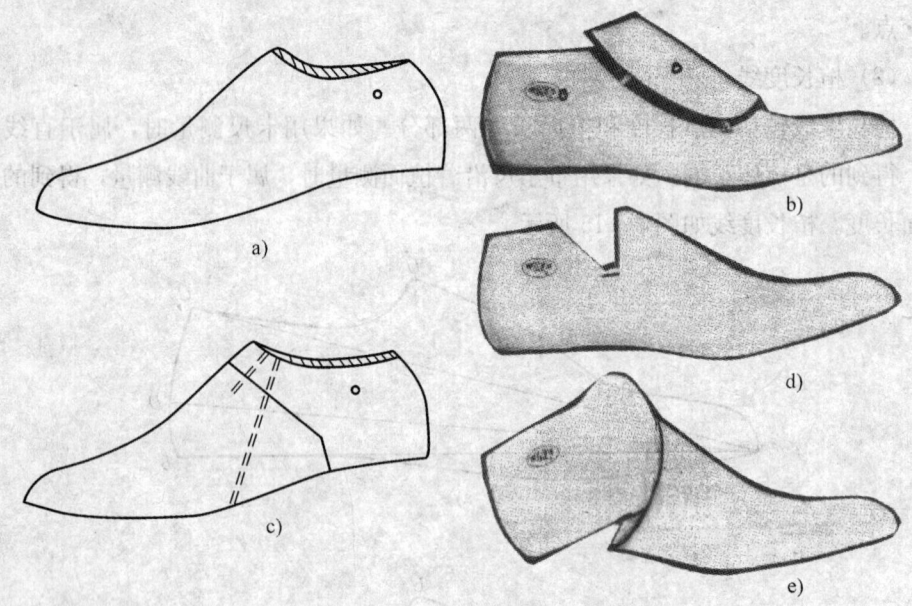

图3—16 楦体的五种结构
a) 整体楦 b) 开盖楦 c) 两截楦 d) V形弹簧楦 e) C形弹簧楦

（1）整体楦

整体楦是一种具有完整楦体的鞋楦。在设计鞋楦时所制成的标样楦就是整体楦。标样楦也称为母楦，通过刻楦机可以刻制出各种尺码的鞋楦。在生产布鞋、胶鞋、塑料鞋、皮凉鞋、女浅口鞋、旅游鞋等产品时，由于脱楦时不会造成鞋口损坏，所以采用整体楦进行生产比较方便。对鞋楦除了用鞋号、编号控制外，还经常用楦带子在统口处把两鞋楦钉起来。生产注塑工艺鞋、硫化工艺鞋、模压工艺鞋时，有的也用整体楦。

（2）开盖楦

开盖楦是一种自楦统口至楦背被剖成上下两部分的鞋楦。上边的部分叫楦盖，下边的部分叫楦体。由于开盖楦被剖开的部位不是规格化的，所以楦盖之间不能互换使用，每个楦盖只能对应一个楦体。开盖楦上有两组楦孔，一组自楦底部钻起，穿过楦体到达楦盖，生产时，楦孔内埋上竹销，起固定楦盖位置的作用。另一组楦孔自统口钻起，穿过楦盖到达楦体，将楦绳穿过楦盖钉在楦体上，与另一只楦相连，防止鞋盖混乱。开盖楦在生产中使用很广泛，出楦时要先将楦盖脱出，然后再出楦体，从而减少了撕裂口门的机会。对于开盖楦，由于在锯开楦盖时有锯口的存在，必然会影响楦背的高度，这部分误差应当在设计鞋楦时加以修正。在检验楦型时，应当测量楦的跗围尺寸，防止楦背偏低造成压脚背或穿鞋困难。

（3）两截楦

两截楦是一种自楦背后端至腰窝后端被剖成前后两部分的鞋楦。前半部分叫楦前身，后半部分叫楦后身。楦的前后身是依靠两组楦孔连接的。穿透统口到楦前身的那一组孔用来穿金属销，固定前后身。穿透统口也穿透楦前身的那一组孔用来穿楦绳，连接前后身不至于混乱。两截楦也是生产中常用的鞋楦，出楦时先拔掉销子，撬开楦后身，把楦后身钩出来后再出楦前身。同样由于锯开楦体时，楦的前后身达不到规格化程度，所以楦的后身也没有互换性。检查两截楦时，要检验楦的全长、斜长和楦底样长，防止锯口的存在造成较大的误差。

（4）V形弹簧楦

弹簧楦是指楦的前后身用弹性铰链连接的一种鞋楦，近年来在流水线生产上较常用。这种鞋楦是用塑料加工精制而成的，楦的前后身紧密配合，而且楦的后身有一定标准，可以在同号内互换。弹簧楦使用很方便。在统口V字形槽口后边有一个销钉孔，用金属套固定。出楦时翻转鞋楦，将统口上的销钉孔插入固定的立柱上，用力压下楦的前身，V形口便合拢，使鞋后跟从楦体上脱出，再顺势往后一拉，便可把鞋退出来，出楦时省力，既不容易撕裂口门，也不容易变形。由于弹簧楦用于流水线的生产上，有专车输送，所以不用拴楦绳。

（5）C形弹簧楦

C形弹簧楦是生产中高档皮鞋、运动鞋的专用鞋楦，它的优点是拔楦容易，鞋不变形。

2. 按制楦材料分类

制楦所用的材料有木材、塑料、金属等，故分别称为木楦、塑料楦、金属楦等。

（1）木楦

木楦在生产中占有很大比重。制楦所用的木材以硬质杂木料为宜，可以经受绷帮时的敲打、压合时的重压。好的木材应耐腐蚀、有韧性、不易变形、不易开裂破损，还应当有较好的"吃钉"能力，要求木纹细致光滑，断面平整，无节疤，树脂含量少。常用的材料有桦木、槭木、柞木、枫杨木、榆木、栲木、青木等。由于木材本身含水量大，制楦前要经过烘干处理，将含水量控制在 12%～15%。如果含水量过大，制成鞋楦后还要继续蒸发水分，会造成楦体的收缩变形和干裂。木材干燥过度，含水量太低时也会吸收空气中的水分造成膨胀变形。木制鞋楦的楦体相对较轻，长期以来在手工操作中普遍应用，但报废的鞋楦无法再回收利用。

（2）塑料楦

塑料楦一般是用聚乙烯树脂（PE）加塑料配合剂制成的。由于生产木楦耗用原木量很大，而木材生长周期又长，所以在木材来源紧张的情况下，塑料楦应运而生。加工塑料楦时是采用注塑工艺先制成楦坯，然后再利用刻楦机进行精加工。制成的塑料楦尺寸稳定性好，不易变形，耐水性、耐气候性好。塑料楦也有较好的"吃钉"能力，而且生产周期短，材质坚固耐用，使用寿命为木楦的 3 倍，报废后的塑料楦还可以回收再利用。但塑料楦的相对密度比较大，比木楦重，给手工操作带来不便，往往用于机械化生产线。弹簧楦就是用塑料制成的，而且部件有一定的规格标准，对制鞋生产装配化有很大推动作用。塑料楦的吸水性差，在绷帮后的干燥工作中会有不利的影响。

（3）金属楦

金属楦有铸铝楦和铸钢楦，主要是铝楦。相对于木楦和塑料楦来说，金属楦的抗压强度大，耐热性好，在重压和较高温度时使用也不会变形。因此，金属楦是生产模压鞋、注塑鞋、硫化鞋时的常用鞋楦。由于在金属楦上不能直接绷帮成型，一般都采用拉线成型或套楦成型法把鞋帮固定在金属楦上，然后再进行后续加工的操作。金属楦是经过标样楦的翻砂再浇注金属液而制成的，因此应当注意金属的收缩率，检验时注意楦底样长度和跖围长度的变化。

3. 按楦头造型分类

楦体的造型可从楦身和楦头两部分研究，楦身的造型与鞋楦品种关系密切，而楦头的造型则主要是美化装饰作用。下面从楦头的俯视和侧视两方面观察。

楦头是全楦中最惹人注目的部位，楦头美观与否也就决定了鞋头的造型是否美观。

俯视楦的头形，主要有圆头、尖头、方头、偏头等几种，在每种头形中又可以变化出不同轮廓外形，如尖圆头、大圆头、小圆头、大方头、小方头等，这种层出不穷的变化，为鞋类设计师带来创造的空间。楦头正投影的几种变化如图3—17所示。

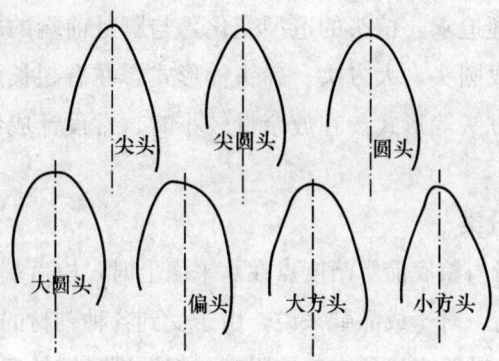

图3—17 楦头正投影的几种变化

不同楦头形给人带来的感觉也不相同。圆头较圆滑丰满，尖头舒展俊秀，方头明朗清晰，偏头收放自然。因此，在帮结构设计中，口门的造型、鞋身的造型、鞋舌的造型等部件变化都要与楦头形变化相协调，以取得整体风格上的统一。

俯视楦的头形，也有扁头、厚头、高头、塌头等几类变化，介于两类头形之间的变化也很多。楦头侧投影的几种变化如图3—18所示。

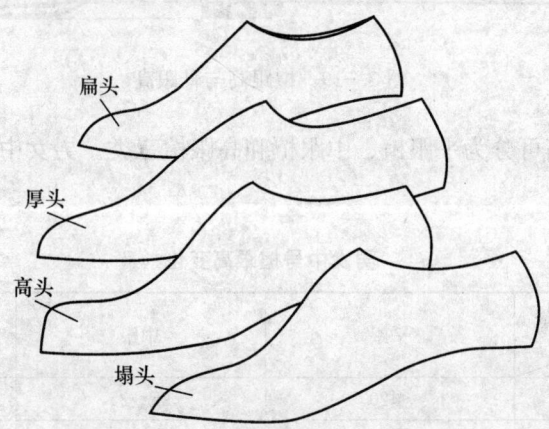

图3—18 楦头侧投影的几种变化

扁头楦的头形曲线变化平缓，是最大众化的一种造型，给人以安静、和谐的感觉，也称为扁平头式。厚头楦的头形曲线变化明显，楦墙较直立，给人以厚重、平稳的感觉，男鞋中常用此类型楦。高头楦的头厚比一般楦型大，高高抛起后再回落，给人以宽松、自由的感觉。塌头楦比较特殊，楦头造型时在脚趾前端有意塌下一部分，这种夸张的造型给人以冷峻、另类的感觉，这种楦也称为铲头楦。

楦头俯视与侧视上的变化，构成了楦头立体造型的变化，满足脚趾对厚度和宽度的基本要求，是楦型设计的基本常识，在此基础上进行各种艺术性美化，才能满足人们对审美的心理追求。楦头的造型变化，与脚趾前端的放余量有关。在标准放余量时，常设计成圆头、大方头、扁头等形式。在有超长放余量时，常设计成尖头、小圆头、小方头等形式。在放余量较小时，常设计成各种宽头、高头等形式。

4. 按鞋楦跟高分类

鞋楦的跟高是指当楦底前掌凸度点在水平面上时，楦后端点与水平面的垂直高度，也称为楦后跷高。对于成品鞋来说，由于受到各种鞋材的影响，使得鞋跟高与楦跟高不可能相等。鞋跟高往往大于楦跟高，但在满足楦的后跷要求上，它们的作用是相同的。楦跟高与鞋跟高如图3—19所示。

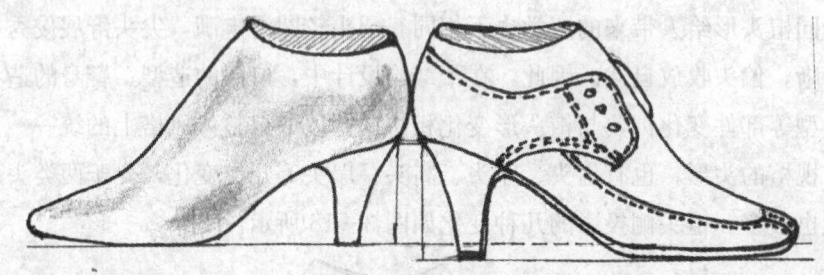

图3—19 楦跟高与鞋跟高

鞋楦按楦跟高可分为平跟楦、中跟楦和高跟楦三类。男女中号楦跟高变化见表3—10。

表3—10　　　　　　　　男女中号楦跟高变化　　　　　　　　单位：mm

品种＼跟高	平跟	中跟	高跟
中号男楦	≤20	25～35	40～50
中号女楦	≤25	30～50	55～80

人脚在走路时，首先着地的部位是脚后跟。随着人体重心的前移，着地部位也向前移动，最后传递到脚趾离开地面。在鞋的后跟部位配置鞋跟，可以减轻脚后跟触地时对人体的震动，从而对人体起到保护作用。当人在穿平跟鞋时，由于脚前掌和脚后跟受力比较均衡，人体在运动时的跑跳起落和前冲后仰就容易控制，使人体得到平衡，所以爬山鞋、旅游鞋、球鞋等都是平跟鞋。人在穿高跟鞋时，由于后跟的增高而使人体的重心前移，为了保持身体的平衡，人体会自然提臀收腹挺胸抬

头，显得精神抖擞、体态健美。但同时由于前掌受力增加，长时间穿着高跟鞋便有累的感觉，甚至传递到腰部。设计不合理的高跟鞋穿起来往往会造成小腿肌肉紧张、膝盖僵直、腰酸背疼。鞋跟的高度应当因人而异，以自然穿着舒适为准。在一般情况下，中跟鞋比较适于日常穿用，由于鞋跟适当地垫高，对人体往前运动有一种潜在的推动作用，走路时有轻松感。

鞋的后跟高度是以楦跟高为基础形成的。楦的后跟高与前跷高是相协调的。楦后跟高度增加时，前跷高也会随着降低，但这并不是简单的杠杆作用。一般女楦后跟每升高10 mm，前跷约降低1 mm，男楦后跟每升高5 mm，前跷约降低1 mm左右。当楦型确定后，楦的前跷高和后跟高也就相对稳定。生产鞋时，鞋跟高度是不能随意增高和降低的，否则会造成鞋的结构不稳定，影响脚的健康。

三、鞋楦品种

鞋楦的品种比较多，不同品种的鞋楦都有各自的特点，在楦底样长度、跖围和跗围的大小、楦型肉体安排上，都有较大的差异。所以在帮结构设计中，要注意鞋的款式变化应与鞋楦的品种相配合，否则会造成鞋的结构不合理，出现不抱楦、不抱脚、容易脱落、挤脚、压脚背，甚至穿不进去等问题。了解鞋楦的特点，选择、设计鞋楦时可以少走弯路。常见鞋楦主要控制数据见表3—11。

表3—11　　　　　　　　常见鞋楦主要控制数据　　　　　　　　单位：mm

品种	项目	楦底样长	跖围	跗围	放余量	后容差	备注
男25#（二型半）楦	素头楦	265	239.5	243.5	20	5	作为标准楦
	宽素头楦	260	239.5	243.5	15	5	放余量较小鞋头较宽
	舌式楦	265	236	238	20	5	较瘦楦型
	超长舌式楦	270	236	237～234	25	5	跟高35时跗围237，跟每增高5时跗围降1
	三节头楦	270	239.5	243.5	25	5	楦底样较长
	超长三节头楦	275	239.5	243.5	30	5	适于尖头形
	前后空凉鞋楦	255	236	244	9	4	生产前后空凉鞋用
	满帮托鞋楦	265	243	255	19	4	鞋前帮不露脚趾
	高勒楦	265	243	248	20	5	统口长110，后身高100
	超长高勒楦	270	243	248	25	5	统口长110，后身高100
	劳保楦	265	246.5	251.6	20	5	较肥楦型
	浅围子楦	265	236	243.5	20	5	生产"宾度"类鞋用

续表

品种	项目	楦底样长	跗围	跖围	放余量	后容差	备注
女23#（一型半）中跟	素头楦	242	218.5	217.5	16.5	4.5	作为标准楦
	浅口楦	240	215	212	14.5	4.5	较瘦楦型
	超长浅口楦	245	215	212	16.5	4.5	生产尖头类女鞋、浅口鞋用
	凉鞋楦	255	215	218	10.5	3.5	生产前后空凉鞋用
	满帮托鞋鞡	242	222	229	15.5	3.5	鞋前帮不露脚趾
	高靿楦	242	222	222	16.5	4.5	统口长102，后身高95
	超长高靿楦	245	222	222	19.5	4.5	统口长102，后身高95
	劳保楦	242	223.5	228.5	16.5	4.5	平跟楦

  在众多鞋楦中，一般是以男女素头楦作为标准，通过楦底样长、跗围、跖围、放余量、后容差等不同部位的变化，衍生出其他鞋楦。素头楦是指生产素头皮鞋所用的鞋楦，素头皮鞋是指鞋前帮不加以任何装饰的皮鞋，是非常大众化的鞋类。

  分析表3—11中男楦，可以看到楦底样长为265 mm处于中间状态。超长楦类、三节头楦、超长三节头楦比素头楦要长，这长出的部分是加在放余量上，以利用楦头式的各种变化。宽素头楦的楦底样长要少5 mm，也是变化在放余量上，这种楦的头式比一般素头楦要宽，适于设计宽圆头、宽方头、宽偏头等粗犷式鞋类。楦底样长度中以凉鞋楦为最短，这种凉鞋楦适于生产前后空凉鞋，由于脚趾露在鞋帮外边，楦底样长不能太长，否则走路费力不方便。

  再从围度上看，素头楦的围度也是居中的。对于舌式楦、凉鞋楦、浅围子楦，为了提高抱脚能力，它们的跖围比同型号素头楦要瘦，这是和帮结构特点分不开的。宽素头楦、三节头楦与标准素头楦是相同的，它们生产的是同一结构类型的鞋类（不包括花色变化）。高靿楦、劳保楦等属于特殊类型的鞋，对跖围的要求也特殊。

  从跗围变化看，只有男舌式楦类比同型号素头楦要小，因为舌式类鞋在脚背部位没有封闭式结构。凉鞋、拖鞋、高靿鞋、劳保鞋等鞋类的结构要求脚容量增加，所以它们所对应的鞋楦跗围比同型号素头楦要大。

  女楦的变化比男楦简单。标准楦底样长为242 mm，传统女浅口鞋楦底样长为240 mm，超长楦的楦底样长为245 mm，这种楦适于生产尖头、小方头等变化的鞋类。对于跖围来讲，标准楦跖围是218.5 mm，这是指在中跟状态下，如果跟高进行高跟和平跟的变化，跖围要用±2 mm来调节。较瘦的楦型少3.5 mm，以增加抱脚能力。较肥的楦型加 3.5 mm，以增加鞋的脚容量。劳保楦虽然特殊，但也符合这一变化规律。跗围变化是与跖围变化相配合的。

上面列举的十几种鞋楦为帮结构设计之前的选楦工作提供了帮助，也就是说设计帮结构时应当选择适于生产这种结构类型的鞋楦，而不能乱选。鞋楦的变化也是灵活的，随着制鞋业的发展和人们需求的变化，总会有不断创新的鞋楦出现。新鞋楦适用与否，要看它是否符合脚型规律。为了追求楦型好看，而用鞋来改造脚的方法是不可取的。

第六节　脚型与楦型间的关系

楦型是依据脚型来设计的。由于脚的外形复杂，所以楦型只是在形态上符合脚型的基本特征，在功能上满足人脚对穿着舒适的要求，在造型上进行美化来满足人的审美情趣。由于楦型不是机械地复制脚的模型，所以在处理脚型与楦型之间的演变关系时，就要遵循一定的变化规律。下面通过长度、围度、宽度几方面来进行分析。

一、脚长与楦长的关系

楦长应当包括楦斜长、楦全长、楦底长及楦底样长。其中楦斜长、楦全长、楦底长是用来控制楦后跟弧曲线造型的，而楦底样长则决定着楦底部位的长度，所以楦底样长与脚长的关系是设计楦型的基础。为了研究楦长与脚长的关系，下面明确鞋楦几个主要长度的概念。脚长与楦长的关系如图 3—20 所示。

1. **楦底样长**

楦底样长指楦底前后端点的曲线长度。

2. **楦底长**

楦底长指楦底前后端点的直线距离。

3. **楦全长**

楦全长指楦底前端点与楦后跟突点的直线距离。

4. **放余量**

为了保证脚在鞋内有一定的活动余地，使鞋不"顶脚"，须加一定的余量，这个余量叫放余量。放余量是通过感觉极限试验，结合各种鞋的不同结构，加上一定的经验值而确定的。

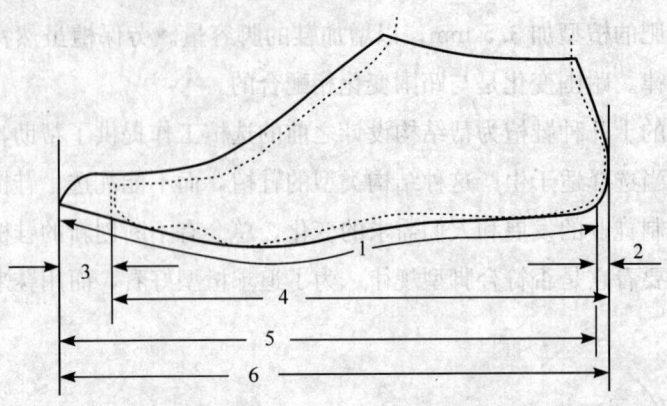

图 3—20 脚长与楦长的关系
1—楦底样长 2—后容差 3—放余量 4—脚长 5—楦底长 6—楦全长

放余量有两种叫法：一种如前所述叫放余量；另一种叫基本放余量，是楦底样长比脚长大的实际量，也可以说是减去后容差后的放余量。

5. 后容差

人脚后跟都有一定的凸度，为了使鞋"跟脚"，则要求各种鞋楦后跟也应该有适当的凸度，鞋楦后跟的这个凸度叫后容差。各种鞋楦的后容差由于原材料、结构等的不同也各不相同。皮鞋和满帮塑料凉鞋因主跟较硬，所以后容差较大，采用胶主跟和布主跟的胶鞋，后容差可小些。后容差最小的是布鞋，因为它的大多数品种都没有较结实的主跟，如后容差大，套帮困难，穿着时也容易"坐跟"。

从楦长的几个概念可以看出，无论哪一个品种和式样的鞋楦，其楦底长均大于脚长，这是因为：

第一，由于人脚是一个松软并富有弹性的有机体。人在行走与劳动时，脚弓韧带被拉长，引起脚纵弓下塌，因而脚的长度也随之增大，其增加量最大可达5 mm；季节的变化也会引起脚的胀缩，其变化范围大约有 3～5 mm。

第二，人在走路时，脚在鞋内应有一定的活动余地。这是因为行走时，鞋底随着脚蹠趾部位的弯曲而弯曲，而鞋底的弯曲半径大于脚蹠趾的弯曲半径，从而使脚在鞋内向前移动，其移动的距离一般在 5～10 mm。

第三，由于式样的需要，往往也要将鞋适当加长，其加长的范围在 5 mm 左右。

考虑到以上因素的影响，脚长与鞋楦底样长的关系可以用下列公式来表示。

$$鞋楦底样长 = 脚长 + 放余量 - 后容差$$

现将"四鞋"各主要品种的鞋楦底样长、放余量和后容差列于表 3—12。

表3—12　　　　"四鞋"主要品种底样长、放余量及后容差　　　　单位：mm

鞋种		脚长	楦底样长	后容差	放余量	基本放余量	
胶鞋	解放鞋	250	260	4	14	10	4%脚长
	网球鞋	250	262	4	16	12	4.8%脚长
	轻便鞋	230	242	3.5	15.5	12	5.22%脚长
	棉胶鞋	180	192	3*	13.5	12	6.67%脚长
皮鞋	男素头	250	265	5	20	15	6%脚长
	男三节头	250	270	5	25	20	8%脚长
	女圆口	230	240	4.5	14.5	10	4.35%脚长
	女棉鞋	230	242	4.5	16.5	12	5.2%脚长
	童素头	180	192	3.5	15.5	12	6.67%脚长
布鞋	男橡筋	250	258	2	10	8	3.2%脚长
	女一带	230	238	2	10	8	3.48%脚长
	女拉锁棉	230	242	3*	13.5	12	5.22%脚长
	童橡筋	180	188	1.5	9.5	8	4.44%脚长
塑料鞋	男满帮	250	260	5	15	10	4%脚长
	男全空	250	255	4	9	5	2%脚长
	女40跟	230	235	3.5	8.5	5	2.17%脚长
	童全空	180	185	3.5	8.5	5	2.78%脚长

*包括衬里量1.5。

由表3—12可以看出，童鞋楦的基本放余量占脚长的比例与成年楦相比要稍大一些，这是因为儿童正处在发育阶段，在鞋的穿着寿命期间，脚还要增长（根据脚型分析可知，男女儿童的平均年增量约为6.34 mm）。

由表3—12还可看出，由于鞋的品种式样的不同，鞋楦的底样长、放余量和后容差也是不同的。以上数值要根据感觉极限试验的结果及其经验数值，经过综合分析而决定。

以脚长加放余量减后容差所得的楦底样长称为标准楦底样长，也是一般大陆鞋类品种的鞋楦底样长。为满足头式变化的要求，在不影响穿着的条件下，允许在标准楦底样长的基础上适当再加一定长度，所增加的这一长度称为超长度。超长度一般不得超过5 mm。

二、脚围与楦围的关系

1. 脚跖围与楦跖围的关系

脚跖围是走路时发生弯曲的关键部位，它承受着人体重量和劳动的负荷。如果鞋楦跖围安排不妥，不仅鞋穿着不舒适，而且容易造成鞋跖趾部位的早期破损。因此，正确地安排楦跖围的尺寸，合理处理楦体这一部分的肉头走向，是保证做出的鞋适穿、耐用的一个很重要的因素。

跖围与脚长一样，易受季节冷热的变化而胀缩，其尺寸变化大约是 3～8 mm；人在行走与劳动时，由于脚前横弓下塌，加之脚的血管中的血液流动加速，也会导致脚的跖围尺寸增加。经测量可知，脚在悬空状态下到站立运动后尺寸的变化，跖围增长量男脚达 13.5 mm，女脚达 16 mm。跖围的另一特点是，不仅可以胀，而且还可以缩，即如果穿比脚跖围小的鞋也不会感到不舒服。脚的紧缩范围通过感觉极限得知，男子为 6 mm，女子为 2.08 mm。了解上述脚跖围的变化特点及规律后，就可知道脚跖围与楦跖围的关系是：

$$楦跖围 = 脚跖围 - 跖围感差值$$

至于儿童，由于脚较幼嫩，并处于发育阶段，脚跖围的尺寸随年龄的增加而增加。根据脚型分析资料可知，儿童脚跖围的年增量约为 6.4 mm，如果还像成年人一样对其楦跖围进行减缩，势必影响儿童的正常发育。因此，对于儿童的楦跖围尺寸不仅不能减缩，反而还得加肥，年龄越小，加肥的尺寸越大。现以解放鞋为例列于表 3—13。

表 3—13　　　　　　　解放鞋的脚跖围与楦跖围比较　　　　　　　单位：mm

部位	鞋号		
	$14\frac{1}{2}$（二）	18（二）	$21\frac{1}{2}$（二）
脚跖围	149	180.5	212
楦跖围	166	190.5	215
楦跖围比脚跖围大	17	10	3

除以上因素外，鞋的品种、式样、跟高、材料以及加工工艺等的不同，对楦跖围的确定都有着一定影响。这就要求通过反复试穿试验，对上述脚跖围与楦跖围的关系式进行必要的修正，以确定每一特定品种最合适的楦跖围尺寸。中号"四鞋"主要品种楦跖围、跗围及兜跟围见表 3—14。

2. 脚跗围与楦跗围的关系

跗围也是脚的一个重要围向尺寸。若楦跗围太小，成鞋会"压脚面"；若楦跗围太大，鞋又不跟脚。跗围尺寸合理的鞋子，不仅能绑住脚背，托住脚心，使脚保持在正确的位置上，防止脚"向前冲"，而且还不会妨碍血液的循环、皮肤的呼吸和鞋内空气的循环。

脚的腰窝除平脚外一般凹度较大，而一般的鞋种，除有钩心的鞋外，由于工艺限制很难达到和接近脚心的凹度，所以楦的跗围一般较脚的跗围大。中号"四鞋"

的主要品种楦跗围尺寸见表3—14。

表3—14　　中号"四鞋"主要品种楦踵围、跗围及兜跟围　　单位：mm

鞋种		踵围		跗围		兜跟围	
		脚	楦	脚	楦	脚	楦
胶鞋	解放鞋	246.5	246.5	246.5	253.4	322.92	—
	网球鞋	246.5	243	246.5	247.1	322.92	—
	轻便靴（女）	225.5	229	225.5	229	295.41	325
	棉胶鞋	180.5	194	182.31	201	235.19	—
皮鞋	男素头	246.5	243	246.5	247.1	322.92	—
	男三节头	246.5	243	246.5	247.1	322.92	—
	女圆口（跟40）	225.5	218.5	225.5	215.5	295.41	—
	女棉鞋（跟40）	225.5	225.5	225.5	225.5	295.41	—
	童素鞋	180.5	187	182.31	191	235.19	—
布鞋	男橡筋	246.5	242	246.5	252.1	322.92	—
	女一带	225.5	217.5	225.5	214.5	295.41	—
	女拉锁棉	225.5	224.5	225.5	226.5	295.41	—
	童橡筋	180.5	186	182.31	192	235.19	—
塑料鞋	男满帮	246.5	243	246.5	251.1	322.92	—
	男全空	246.5	239.5	246.5	249.6	322.92	—
	女40跟	225.5	218.5	225.5	223.6	295.41	—
	童全空	180.5	187	182.31	197	235.19	—

3. 脚兜跟围与楦兜跟围的关系

胶面胶鞋中的工农雨鞋、轻便靴、工矿靴等及皮鞋中的马靴等高勒靴楦的兜跟围的处理，具有十分重要的意义。高勒靴楦的兜跟围须大于脚的兜跟围，但太大时穿脱虽方便，行走时却会不跟脚；过小时虽跟脚，但穿脱困难。因此，各种靴楦兜跟围要处理恰当。根据经验，轻便靴、工矿靴的楦兜跟围应比脚兜跟围大45～50 mm，马靴的楦兜跟围比脚兜跟围大40 mm为宜。中号"四鞋"主要品种楦兜跟围尺寸见表3—14。

三、脚型宽度与楦型宽度的关系

1. 脚型基本宽度和楦型基本宽度的关系

楦型基本宽度的确定，对于楦型设计、成鞋穿着舒适、外形美观、节约原材料都有着重要的关系。由于楦踵围已固定，若基本宽度太宽，成鞋必然扁塌，既浪费原材料，穿着也不舒适；反之，若基本宽度太窄，虽然底部用料较省，但由于人脚第一、第五蹠趾关节骨骼多、肌肉少、压缩性差，加之经常承受人体重量和劳动负荷，会造成夹脚，穿着不舒适。

人脚蹠趾关节部位比较圆滑饱满，25（三）脚轮廓的基本宽度为 99.8 mm，而脚印的基本宽度仅为 86.06 mm，两者差竟达 13.74 mm。根据反复试穿试验得知，如用前者，底盘太宽，既浪费材料，又不适穿；用后者，底盘太窄，不能穿。因此，合理的鞋楦底盘的基本宽度只能是大于脚印宽，小于轮廓宽。而对于每个品种鞋楦底盘基本宽度的确定，除要遵循以上原则外，还必须考虑该品种的穿着对象、制造工艺、所用的原材料等因素。因此，对于不同品种的鞋楦，即使它们的号型完全相同，底盘基本宽度也是不一样的。如男素头皮鞋，由于皮帮柔软、富有弹性、耐折、耐磨，楦蹠趾部位肉体可安排得比较饱满，故宽度可适当窄一些［25（三）为 89.3 mm］。塑料凉鞋由于不受工艺影响，楦蹠趾部位肉体也可安排得饱满些，基本宽度可与皮鞋一样。解放鞋由于有较高的外围条，鞋楦侧楞又较直，故基本宽度也可同皮鞋一样［25（三）为 89.3 mm］。布鞋由于帮面较软，为避免鞋帮当底，其基本宽度也要稍大一些［25（三）为 90.6 mm］。中号中型"四鞋"主要品种鞋楦底盘基本宽度见表3—15。

表 3—15　　　　男 25（三）、女 23（二）、童 18（二）"四鞋"
主要品种楦底盘基本宽度　　　　　　　　　　单位：mm

鞋种		基本宽度		拇趾里宽		小趾外宽		腰窝外宽		踵心全宽	
		脚	楦	脚	楦	脚	楦	脚	楦	脚	楦
胶鞋	解放鞋	99.3	89.3	38.73	34.1	53.72	50	46.37	39.5	67.23	60.5
	网球鞋	99.3	88	38.73	33.6	53.72	49.2	46.37	38.9	67.23	59.6
	轻便鞋（女）	90.9	77.5	35.45	29.6	49.18	43.4	42.45	34.2	61.54	52.5
	棉胶鞋（童）	72.81	67.2	30.70	26.6	42.68	39.1	34.42	29.6	50.17	45.5
皮鞋	男素头	99.3	89.3	38.73	34.1	53.72	50	46.37	40.1	67.23	60.5
	男三节头	99.3	89.3	38.73	34.1	53.72	50	46.37	40.1	67.23	60.5
	女圆口（40跟）	90.9	77.5	35.45	28.5	49.18	44.4	42.45	33.6	61.54	51.6
	女棉鞋（40跟）	90.9	78.8	35.45	29	49.18	45.2	42.45	34.2	61.54	52.5
	童素头	72.81	67.2	30.70	27.1	42.68	39.8	34.42	30.2	50.17	45.5
布鞋	男橡筋	99.3	90.9	38.73	34.1	53.72	50.7	46.37	40.1	67.23	61.4
	女一带	90.9	77.5	35.45	29.2	49.18	43.4	42.45	34.2	61.54	52.5
	女拉锁棉	90.9	78.8	35.45	29.7	49.18	44.1	42.45	34.8	61.54	53.4
	童橡筋	72.81	68.5	30.70	26.7	42.68	39.8	34.42	30.2	50.17	46.4

续表

鞋种		基本宽度		拇趾里宽		小趾外宽		腰窝外宽		踵心全宽	
		脚	楦	脚	楦	脚	楦	脚	楦	脚	楦
塑料鞋	男满帮	99.3	89.3	38.73	34.1	53.72	50	46.37	40.7	67.23	60.5
	男全空	99.3	88	38.73	33.6	53.72	49.3	46.37	40.1	67.23	59.6
	女40跟	90.9	77.5	35.45	28.5	49.18	44.4	42.45	34.2	61.54	51.6
	童全空	72.81	67.2	30.70	27.1	42.68	39.8	34.42	30.8	50.17	45.5

2. 脚拇趾里宽及小趾外宽与楦拇趾里宽及楦小趾外宽的关系

如果鞋楦拇趾及小趾部位太窄，容易挤疼脚趾，甚至造成鞋帮顶穿，但是太宽也不行，既浪费原材料，也影响美观。由于人在行走时，脚拇趾向外有较大的活动量，并能适当压缩，同时考虑到美观和节约的需要，除拇趾脚印宽保留外，拇趾边距的保留量是很小的，甚至不保留。脚小趾在行走时活动量最大，为了穿着舒适，鞋帮也不至于早期破损，除小趾脚印保留外，小趾边距的保留量要大些，如胶鞋保留约12.64%，布鞋保留30.02%，皮鞋、塑料鞋保留约13.48%。中号中型"四鞋"主要品种鞋楦拇趾里宽和楦小趾外宽见表3—15。

3. 脚型腰窝和楦型腰窝的关系

脚型里腰窝宽度很小，从穿着舒适及节省鞋底用料的角度考虑，各种鞋楦里腰窝宽度原则上都可以很小，但胶鞋、布鞋由于工艺所限，里腰窝曲线需要直一些；塑料凉鞋由于里腰窝处没有鞋帮，为防止在行走和劳动时，脚里腰窝被碰痛刺伤，里腰窝曲线则要求更直一些。因此，对于胶鞋、布鞋和塑料鞋来讲，鞋楦的里腰窝宽要适当加大。皮鞋，特别是绷帮皮鞋，由于受工艺限制较少，为节约材料、美观和穿着舒适起见，里腰窝曲线可以设计得弯一些，因此，里腰窝宽度要小。

至于各种鞋楦的腰窝外宽，由于脚的此部位的活动量较小，而且又多是肌肉，楦腰外宽可以小一些。然而塑料鞋的鞋帮仅由几根带子组成，为避免"勒脚"，第五蹠趾部位以后需要有较大的宽度，所以除保留脚印外，其腰窝边距还需保留19.94%。其他如皮鞋、胶鞋和布鞋，腰窝外宽都较小，除保留脚印外，皮鞋和布鞋由于安排肉体比较圆滑，腰窝边距保留12%；胶鞋腰窝边距保留约3.51%。中号中型"四鞋"主要品种鞋楦腰窝宽度见表3—15。

4. 脚踵心宽和楦踵心宽的关系

人脚踵心部位肉体十分圆滑饱满，25（三）的踵心全宽67.23 mm，而踵心脚印宽为50.41 mm。虽然楦型踵心全宽小些，对节约底部用料有较大意义，但由于人脚踵心部位是人体重量和劳动负荷的主要承受部位，站立时，踵心两侧肌肉要向外膨胀，加上各种鞋的工艺上的要求，又不允许楦型踵心部位两侧肉体与脚型一样，所以应保留较多的边距，以保证楦踵心两侧有一定容量。各种鞋除踵心脚印保留外，踵心里边距和踵心外边距的保留量是：皮鞋、胶鞋和塑料鞋为54%和66%，布鞋为58%和71%。中号中型"四鞋"主要品种楦踵心宽度见表3—15。

为了更清楚地了解脚底盘宽和楦底盘宽的关系，曾进行了脚印分析计算和穿着比较，并利用中等脚型组的重合脚型轮廓线来观察鞋楦底样宽度和轮廓设计是否正确。现将男子中等脚长（248～252 mm）、中等围长（243.5～249.5 mm）组的110个脚型轮廓重合图列于图3—21和图3—22。为了便于制板和观察，所以描绘出了脚型轮廓最大最小的曲线。图3—23和图3—24为女子中等脚型轮廓重合图、中等楦底样的设计图。供底盘设计时参考。

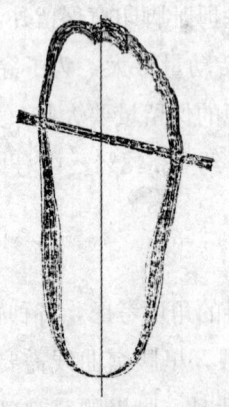

图3—21 男子中等脚长脚型轮廓重合图

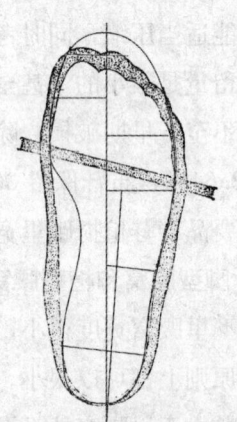

图3—22 成年男子脚型轮廓重合图与楦底样比较图

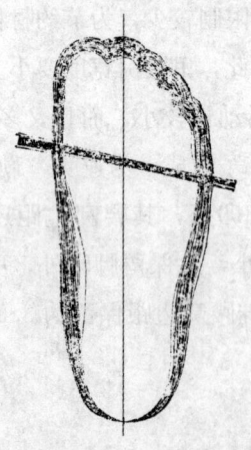

图3—23 成年女子脚型轮廓重合图

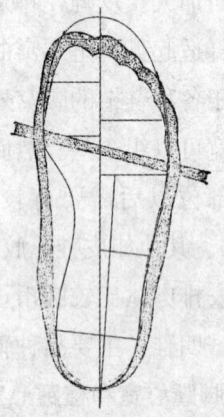

图3—24 成年女子脚型轮廓重合图与楦底样比较图

第四章
鞋类设计及制造主要工具、设备

当前我国制鞋产业机械化程度为 80% 左右，部分鞋厂机械化程度已达到了 90% 以上。制鞋企业的机械设备配置均以国产制鞋机械设备为主体。

国产制鞋机械设备已基本形成了完整的配套生产，产品有 300 多种规格。按鞋类机械功能的不同，可将其分为以下几大类型。

第一节 鞋楦生产机械

鞋楦是生产鞋类产品的载体，又是造型的基础。鞋楦是近似脚的模型，是制鞋中标准的工具。所以鞋楦机械都以仿形原理生产鞋楦。鞋楦材料是以木材、塑料和金属等为主。近年来，随着制鞋工艺的发展，塑料已经成为主要材料，鞋楦加工机械发展也很快。

刻楦机是将鞋楦毛坯料加工成鞋楦的仿形铣削设备，是可铣削扩缩成套号码鞋楦的机械。刻楦机如图 4—1 所示。常见的刻楦机有如下几类。

一、粗刻楦机

对"标样楦"按比例扩缩，将坯料仿形加工成不同鞋号的粗鞋楦。

二、精刻楦机

对"标样楦"按比例扩缩，将粗鞋楦仿形加工成不同鞋号的精鞋楦。

图4—1 刻楦机

三、粗、精一体化刻楦机

粗、精一体化刻楦机是指粗刻、精刻在一台机器上完成。

四、卧式、立式刻楦机

鞋楦的装夹位置为卧式或立式的刻楦机。

配套设备还有鞋楦毛坯注塑机，铣鞋楦前、后部位的残余料柄机，锯V形机槽、锯S形机、弹簧楦铣槽机等。

第二节 零部件加工机械

一、裁断机

裁断是制鞋加工中的第一道工序，裁断机械依据鞋类结构和款式的要求，将各种天然皮革、合成革及纤维织物、底部鞋用材料等分割成不同形状与规格的帮部件、底部件、衬里部件等，在加工不同的材料和不同的部件时要采用不同的裁断机。

1. 裁断机的种类

制鞋用裁断机采用冲压裁断原理,是制鞋行业下料工序的专业机械,可分为机械裁断机、液压裁断机两大类。

(1) 机械裁断机

机械裁断机有机械摇臂式裁断机、桥式机械裁断机。摇臂裁断机有轻型和重型两种。机械摇臂式裁断机如图4—2a所示,桥式机械裁断机如图4—2b所示。

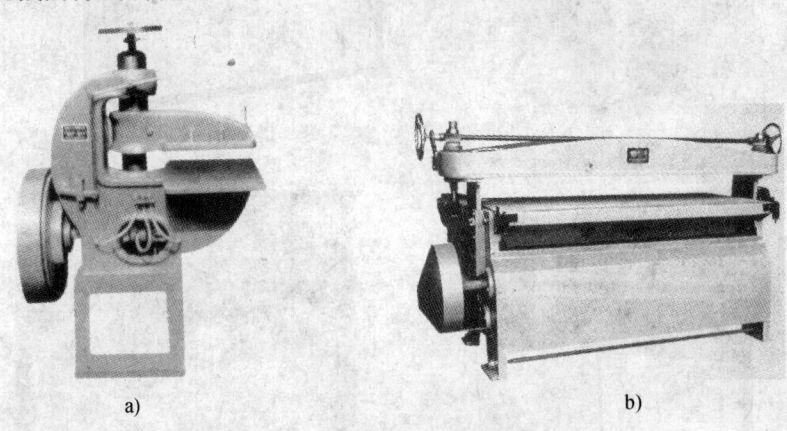

图4—2 机械裁断机
a)机械摇臂式裁断机 b)桥式机械裁断机

(2) 液压裁断机

液压裁断机包括摇臂式液压裁断机(见图4—3a)、液压龙门冲头移动裁断机(见图4—3b)、液压龙门平面裁断机(见图4—3c)、油压平面裁断机(见图4—3d)。

2. 各种裁断机用途

(1) 摇臂式裁断机

摇臂式裁断机一般用于裁断皮革帮部件,重型摇臂式裁断机主要用于裁断鞋类底革、橡胶片材等。

(2) 龙门裁断机或桥式裁断机

龙门裁断机或桥式裁断机一般用于裁断半片皮革、合成革、纤维织物、硬底板、泡沫片材、无纺织布等,并可以裁断多层材料。目前鞋类纤维织物已经开始使用计算机控制的激光、水束切割下料。

(3) 裁断刀模

刀模是与鞋类部件形状相同的刀具(刃具),各种裁断机都需要刀模实现裁断。刀模分为单部件刀模、组合刀模(见图4—4)。橡胶工业还有辊切刀模、裁胶鞋部

鞋类设计师（基础知识）

图 4—3 液压裁断机
a) 摇臂式液压裁断机　b) 液压龙门冲头移动裁断机
c) 液压龙门平面裁断机　d) 油压平面裁断机

件。刀模一般使用 65 锰钢材制造而成。

另外，在鞋用裁断中还有专用切条机、编织皮条圆盘裁断机等。

二、片料设备

片料是用刀具对鞋类材料进行剖分，以得到符合一定尺寸要求均匀厚度的材料，或是得到特殊剖面形态的零部件，以满足制鞋工艺的要求。片料机械根据刀片的运动状况可分为固定刀具与旋转刀具两种，旋转刀具又有圆刀与带刀之分。

1. 圆刀片革机

圆刀片革机是一种旋转刀具的片料机械，它是利用刀具高速旋转实现对工件的剖分。根据加工部件需求，按直径分为小圆刀和大圆刀片革机两种。小圆刀片革机又称圆刀片革机，其圆刀直径为 117 mm，主要用于鞋帮面、里等薄料的片茬，也可以片包跟革、鞋口条革、保险皮革等。大圆刀片革机的圆刀直径为 150 mm，主

图 4—4 组合刀模

要用于内主跟、内包头等较厚的底革茬口片削。圆刀片革机如图 4—5 所示。

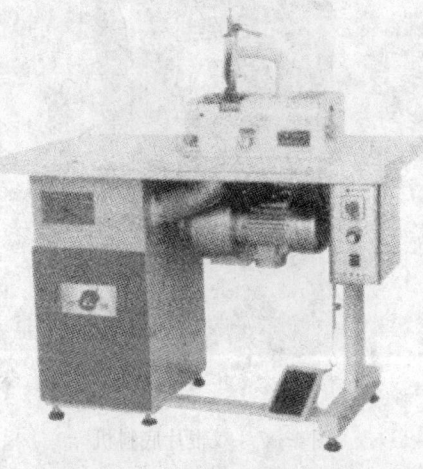

图 4—5 圆刀片革机

2. 带刀片革机

带刀片革机是用高速旋转的带刀,将制鞋皮革材料按照工艺要求的厚度进行均匀剖分的片革机械。

带刀片革机是一种比较精密的制鞋机械,可以对皮革进行多层剖分,加工范围广,精确度高。带刀片革机如图 4—6 所示。

3. 片底料机

片底料机是一种固定刀片料机械,用来片削天然革、合成革、橡胶等材料,制成内底、中底和外底部件,以使材料成为符合工艺要求的部件或剖面形状。

图 4—6 带刀片革机

该设备除了片削厚度一致的部件外，还可以使用带有一定型腔的专用托模，片削主跟、包头、内底等剖面形状有一定要求的部件。双辊片底料机如图 4—7 所示。

图 4—7 双辊片底料机

片鞋类底部件专用设备还有半自动片内底机、自动化片主跟机、包头机、圆刀片革机、专用片沿条机等。

三、部件成型机械

鞋类部件成型是制鞋产业实现大生产的先决条件，是实现制鞋部件技能化、工艺装配化的客观要求。鞋类部件成型都是曲面形状，就必须采用机械压力通过模具成型。

1. 内底压型机

内底压型机是将内底置于成型模具中，通过加压使内底成型符合鞋楦底面的形

第四章 鞋类设计及制造主要工具、设备

状,以便进行绷帮操作。

内底压型机种类很多,其性能就是通过压力、模具温度和一定时间使部件成型。内底压型机如图4—8所示。

2. 主跟成型机

主跟是鞋类后跟的主要部位,是皮鞋生产中的重要部件。一般使用皮革、再生革、纸板和无纺织布等材料制成,坚实而有弹性。布鞋和胶鞋也相应采用一定材料加强鞋后帮强度,保证鞋后帮不变形。

主跟成型机种类很多,有手工装料的,也有全自动的,还有用塑料注射成型的等。内主跟定型机如图4—9所示。

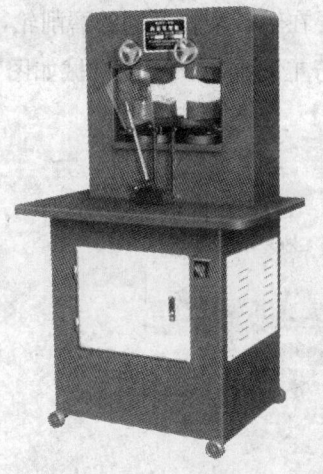

图4—8 内底压型机

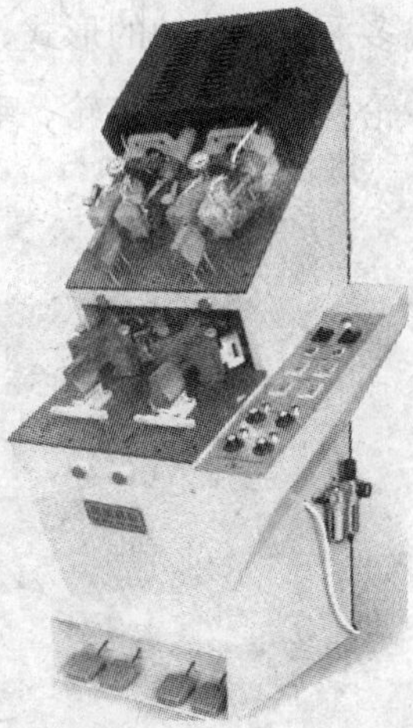

图4—9 内主跟定型机

3. 帮面曲线定型机

目前靴类或整前帮鞋采用定型工艺的比较多。靴鞋面曲线定型机如图4—10所示。

帮面拉伸成型机用于使鞋、靴前帮部位取跷,按照鞋楦的弧度(曲线)预定型(也叫工艺取跷),从而提高绷帮定型的质量。

帮面前帮定型设备很多,用处很广,目的是使鞋帮伏楦,使皮革纤维材料应力实现平衡。

鞋类部件定型设备还有很多,如热定型机、冷定型机、鞋底的硫化成型机、注塑注射成型机等。

图4—10 靴鞋面曲线定型机

四、磨削机械

磨削机械是用砂轮、砂带和刀具等各种不同的工具，对鞋类生产中的帮料、底料和成鞋进行加工，使其达到预定的形状和尺寸。同时还可以进行表面处理，起到满足后道工序的加工要求、实现成鞋美观的作用。

磨削机械在制鞋工艺加工中应用很广，种类很多，但结构比较简单，一般可分为以下类型。

1. 手工操作多功能的加工机械

常用的卧式加工机械有削边机、拉毛机，立式加工机械有平轮机、立磨机。这些机械多采用悬伸轴的形式，针对不同工艺的需要在轴端配置不同的磨削轮，如铣刀、砂轮、砂布轮、布轮、毛刷轮、按摩轮等进行工艺加工。磨削机械如图4—11所示。

图4—11 磨削机械

2. 自动送料进行加工的机械

这种机械一般是专用设备，如大底粗磨机、铣槽机、磨内底机等。随着技术的发展，近年来计算机控制的帮角自动起毛机也已经投入生产。

除上述两类磨削机械外，还有一般的帮角起毛机、帮角侧面起毛机、外底铣边机、内底侧楞机、鞋帮内里起毛机等。

五、整饰及辅助设备

在零部件加工的机械中，还有一些机械主要是为制作各种零部件配套使用的，如外底边着色机、外底压花纹机、主跟浸胶机、主跟干燥机、粘沿条机、烫印机、打号机、压标机、各底部件互相黏合用的刷胶机等。

六、胶鞋零部件加工机械

1. 海绵中底滚切机

海绵中底滚切机主要用于中底的滚切。

2. 海绵中底转盘模压机

海绵中底转盘模压机是用于模压硫化胶鞋成型海绵中底的专用机械。

3. 鞋标模压机

鞋标模压机是主要用于模压硫化鞋商标的专业机械。

4. 胶面靴靴面滚切机

胶面靴靴面滚切机是主要用于滚切胶面靴的靴面部件的专业机械。

5. 冲切机

冲切机是用于冲切胶鞋大底的专用机械，一般与开炼机、挤出机、压延机和冷却输送装置等组成生产联动线使用。

第三节 零部件装配机械

一、缝帮机械

缝帮是将经过裁断、片折合的鞋帮、衬里等平面零部件以及各种装饰件使用胶粘、缝合、编结、镶嵌、铆合等方法将其组合加工成符合楦体曲面形状的鞋帮。其组合工艺中最主要使用的是缝纫机。

1. 缝纫机

缝纫机能将鞋帮部件缝合在一起，起到连接、补强、装饰的作用。鞋帮缝合方法分为多种类型，如合缝、压茬缝、包缝、平缝、装饰缝等，所以缝纫机种类、结构和性能也不同。按工作台的式样可分为平台式缝纫机、圆柱形缝纫机和高台式缝纫机三种，从功能角度可分为平针、双针、多针等类型。一般传动为电动和计算机控制的全自动缝纫机。高台式缝纫机如图4—12所示，平台式缝纫机如图4—13所示。

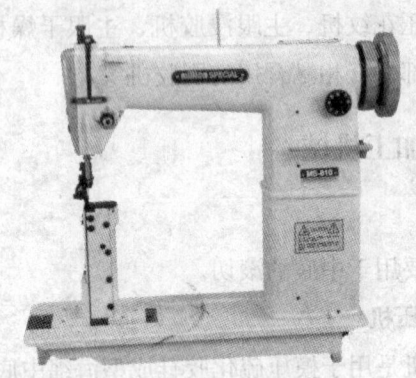

图4—12　高台式缝纫机

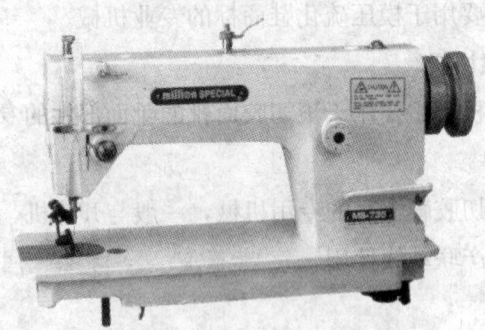

图4—13　平台式缝纫机

目前，我国制鞋企业中大量使用的是单针电动缝纫机、双针电动缝纫机，电控全自动缝纫机只在绣花工艺中采用。

2. 其他帮部件加工机械

鞋帮组装工艺中除使用缝纫机外，还有折边机（见图4—14）、刷胶机、内包头印置机、后缝压平机、钉鞋眼机（见图4—15）、制帮传送带生产线（缝帮工序定位式送料生产线见图4—16，缝帮流水线见图4—17）等。

二、绷帮成型机械

绷帮成型机是制鞋工艺加工的主要机械，也称为绷楦机、钳帮机，其结构种类很多。

图4—14 鞋面折边机

图4—15 钉鞋眼机

图4—16 缝帮工序定位式送料生产线

图 4—17 缝帮流水线

1. 分类

按照绷帮功能范围可分为绷前帮机、绷中帮机、绷后帮机及后帮预成型机等。

按照帮与内底结合的方法分为胶粘绷楦机、钉钉机、拉绳机、钢丝固定机等。

按照传动介质可分为机械传动、液压传动、气压传动以及联合传动方式的绷帮成型机。

2. 绷帮成型的主要机械

绷帮成型的主要机械包括绷前帮机、绷中帮机、绷后帮机、后帮预成型机。这四种机械是制鞋绷帮成型的机组，如图 4—18 所示。

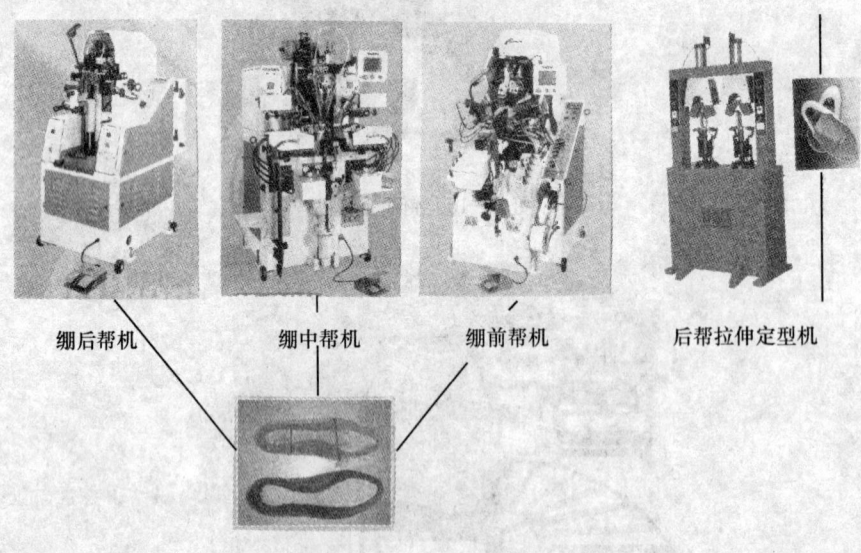

绷后帮机　　绷中帮机　　绷前帮机　　后帮拉伸定型机

图 4—18 绷帮成型机组

3. 绷帮成型工艺中的辅助机械

与绷帮成型前后配套的机械有铆钩心机、钉内底机、前帮湿柔机、热活化机、热风熨烫机、湿热定型机、马靴（靴筒）和棉鞋整平机（见图4—19）、靴筒定型机（见图4—20）等。

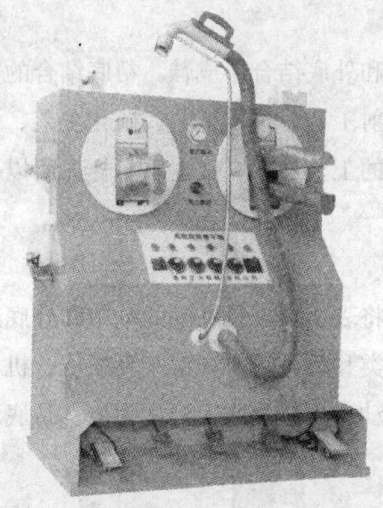

图4—19　马靴（靴筒）和棉鞋整平机

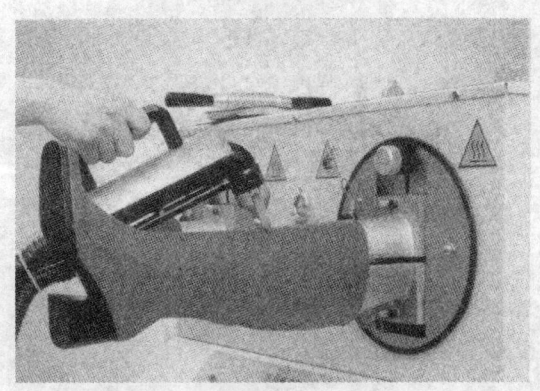

图4—20　靴筒定型机

三、胶鞋部件装配机械

胶鞋工艺加工机械有些和其他鞋类相同，不同的机械也很多，如气动套帮机、胶鞋成型气压机、胶面鞋修口机、专用绷帮机、出楦机等。

第四节 成型工艺机械

鞋帮经绷帮后就可以和外底结合形成鞋,帮底结合的方法有多种,最主要的有线缝工艺、胶粘工艺、注射工艺、模压工艺、硫化工艺、聚氨酯(PU)浇注工艺。由于鞋类材料不同,采用的工艺加工方法也不一样,所以要采用不同类型的机械。

一、胶粘成鞋机械

胶粘帮底结合机械是将表面涂过胶粘剂的鞋帮和外底黏合在一起的机械,称为胶粘压合机。压合机的种类和型号较多,有气囊式压合机、气垫式压合机、墙式压合机、十字形压合机等,动力均以气压、液压为主。帮底压合机如图4—21所示。

图4—21 帮底压合机

胶粘帮底结合过程中的配套机械有钉跟机、外底活化机、冷定型机、脱楦机、喷光亮机等。

气动全自动钉跟机如图4—22所示。

图 4—22 气动全自动钉跟机

二、线缝工艺成鞋机械

线缝工艺机械主要是用在皮鞋、布鞋、旅游鞋帮底结合的专用机械，机械种类有缝外线机、缝内线机、缝沿条机、侧缝内线机等。

1. 缝外线机是将沿条与外底缝合在一起的机械。
2. 缝内线机是从鞋腔内部将鞋底与内底、帮脚三者缝合在一起的机械。
3. 缝沿条机是为绷帮后的鞋缝制沿条，使沿条、帮脚、内底三者缝合在一起的机械。
4. 侧缝内线机是从鞋腔内部将鞋底与鞋帮缝合在一起的机械。

线缝帮底结合机械机组如图 4—23 所示。

三、模压机

模压机是生产橡胶底模压硫化鞋的机械。其机型较多，根据其结构分为悬臂式模压机、天平式模压机和横梁式模压机三种，主要用于皮鞋、胶鞋产品生产。横梁式双模模压机如图 4—24 所示。

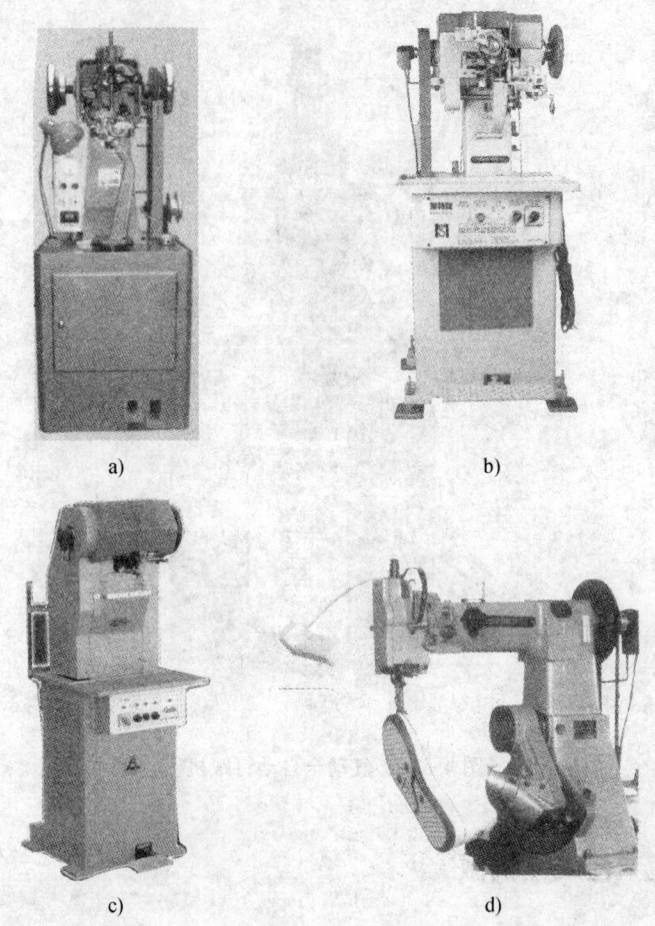

图 4—23 线缝帮底结合机械机组
a) 缝内线机 b) 缝外线机 c) 缝沿条机 d) 座式侧缝机

由于模压工艺产品专业性强,只适用于劳保鞋、军用鞋,所以模压机未得到发展。

四、注塑机(注射机)

注塑机是采用塑料材料,生产塑料底鞋及全塑鞋的机械。由于注塑工艺先进,所以注塑机发展很快,其机型很多,主要用于皮鞋底、布鞋底、塑料鞋及塑料雨靴等产品的生产。帮底结合直接注射机与转盘如图 4—25 所示。

注塑机按注射头分为单色、双色与多色三种,目前使用较多的是卧式多工位的注塑机。

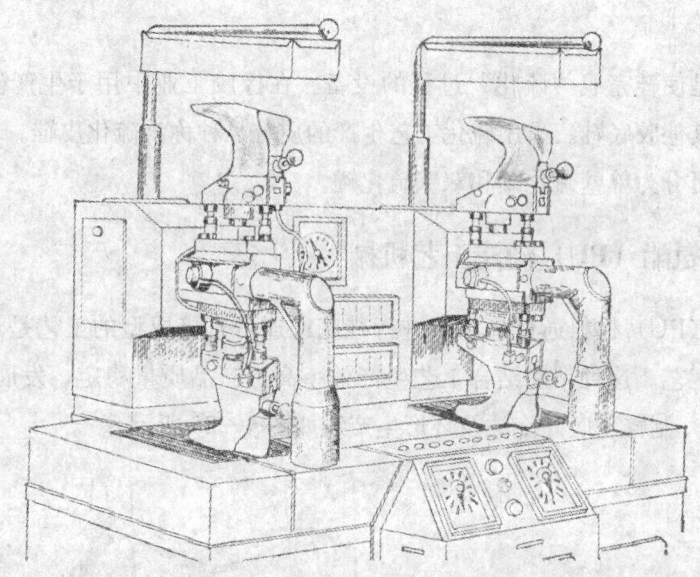

图 4—24 横梁式双模模压机

图 4—25 帮底结合直接注射机与转盘

五、胶鞋注压、硫化等机械

1. 注压机（注胶机）

注压机是采用橡胶材料，生产橡胶底硫化鞋的机械。由于橡胶材料是热固性材料，注压成型难度大，所以注压机一般都采用螺杆式的，也有少数采用柱塞式或挤出等方式。注压机主要用于生产橡胶鞋、布鞋、冷粘鞋的鞋底及鞋用配件。

2. 橡胶硫化机械

（1）平板硫化机

平板硫化机是橡胶、塑料工业中普遍使用的机械，主要用于生产橡胶、塑料等模型制品和非模制品。制鞋工艺的平板硫化机主要用于制造橡胶底、胶掌、橡胶平板和其他鞋用部件。平板硫化机的平板分单层、双层和多层，最多可达 6 层。

（2）硫化罐

硫化罐是使鞋完成"硫化"过程的设备。在橡胶工业中用于生产硫化橡胶制品、胶鞋和其他胶底鞋。采用硫化工艺生产的皮鞋品种称为硫化皮鞋。

硫化罐可分为单壁硫化罐和双壁硫化罐。

六、聚氨酯（PU）浇注工艺机械

聚氨酯（PU）材料通过浇注机进行鞋底或连帮直接成型的工艺是近些年来出现的一种新工艺。这种帮底结合工艺生产效率高，产品质量稳定，发展前景广阔。聚氨酯（PU）制鞋（底）浇注及环形生产线如图4—26所示。

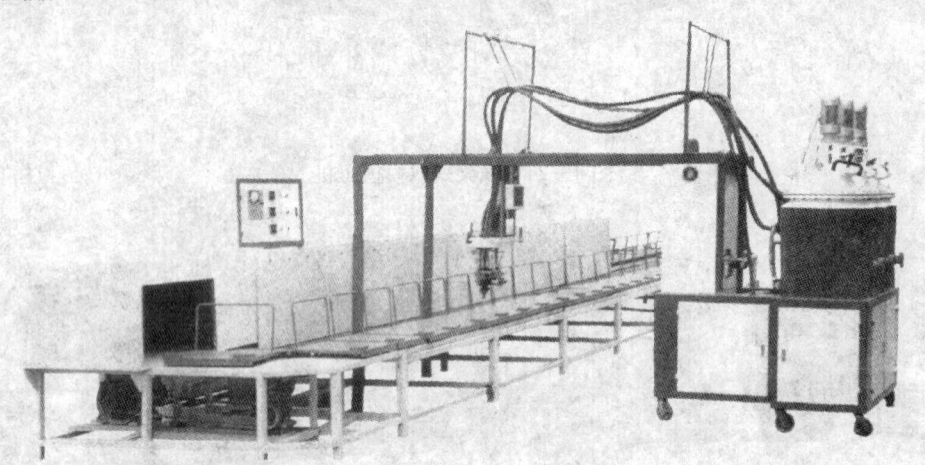

图4—26 聚氨酯（PU）制鞋（底）浇注及环形生产线

七、制鞋生产传送线

生产传送线是大生产发展的需要，便于组织管理，实现均衡生产，提高劳动生产率，有利于提高产品质量。制鞋生产传送线可分为帮生产线、底加工生产线、胶面胶鞋成型线、底部件生产线、冷热定型底工传送线、喷涂整饰生产线等。底加工生产线如图4—27所示。

八、鞋部件加工相关机械

1. 化工原辅材料加工机械

（1）切胶机

切胶机是用于把天然橡胶或合成橡胶外切成便于塑炼的小块的机械。

（2）开放式炼胶机

图4—27 底加工生产线

开放式炼胶机是橡胶工业常用的机械之一。制鞋工业采用橡胶的比重较大，因而炼胶机也列为制鞋产业重点机械，XK—360开放式双辊筒炼胶机总图如图4—28所示。

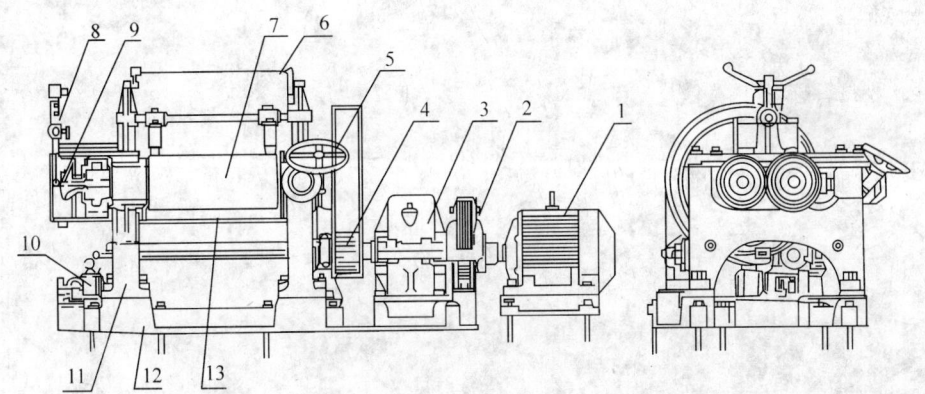

图4—28 XK—360开放式双辊筒炼胶机总图

1—电动机 2—电磁制动器 3—减速机 4—速比齿轮 5—辊筒调距手轮
6—安全拉杆 7—辊筒 8—加热冷却装置 9—喇叭头 10—稀油冷却润滑装置
11—机架 12—底座 13—接胶盘

（3）密炼机

密闭式炼胶机统称密炼机，主要用于将天然橡胶、合成橡胶以及生胶与配合剂进行混炼。其中有专门用于塑料制品厂塑化和混合聚氯乙烯树脂等热塑性塑料的密闭式炼塑机。密炼机使用时需要配置相应的开炼机，以便进行素炼。

原辅材料加工机械还有螺杆挤出机、压延机等。

2. 其他设备

（1）胶浆机

胶浆机用于制造汽油胶浆，常用的胶浆机有立式胶浆机和卧式胶浆机两种。

（2）刮浆合布联动装置

刮浆合布联动装置用于筒子纱刮浆及鞋帮里布、面布的刮浆合布。

第五章 制鞋材料知识

第一节 主料种类

一、天然皮革

1. 皮革结构及性能

皮革简称革,指以蛋白质为基础的生皮胶原为原料,经过一系列的化学和物理加工,使生皮的性质发生变化,制成适合军需、工业和人民生活需要的产品。皮革具有不易腐坏、耐湿热、吸湿、隔热、耐久、耐摩擦、不易撕裂、防沾污、易保养、易保藏等特殊性能。

生皮除皮上所附的毛被外,可分为三层,即表皮层、真皮层、皮下组织,皮肤结构图如图5—1所示。

(1) 表皮层位于毛被之下,紧贴在真皮层的上面,由不同形状的表皮细胞排列而成。表皮层不能制成革,要在制革准备工段中和毛一起除去。但表皮对真皮有保护作用。

(2) 真皮层位于表皮之下,介于表皮与皮下组织之间,是生皮的主要部分。革就是由真皮加工而成的,革的许多特征都是由这一层的结构来决定的。真皮主要由多种纤维成分组成,其柔韧作用能适应各种动作的需要。

(3) 皮下组织是动物皮与动物体之间相互联系的疏松组织。主要是由脂肪、肌肉组成。皮下组织对制革非常不利,一定要切除。

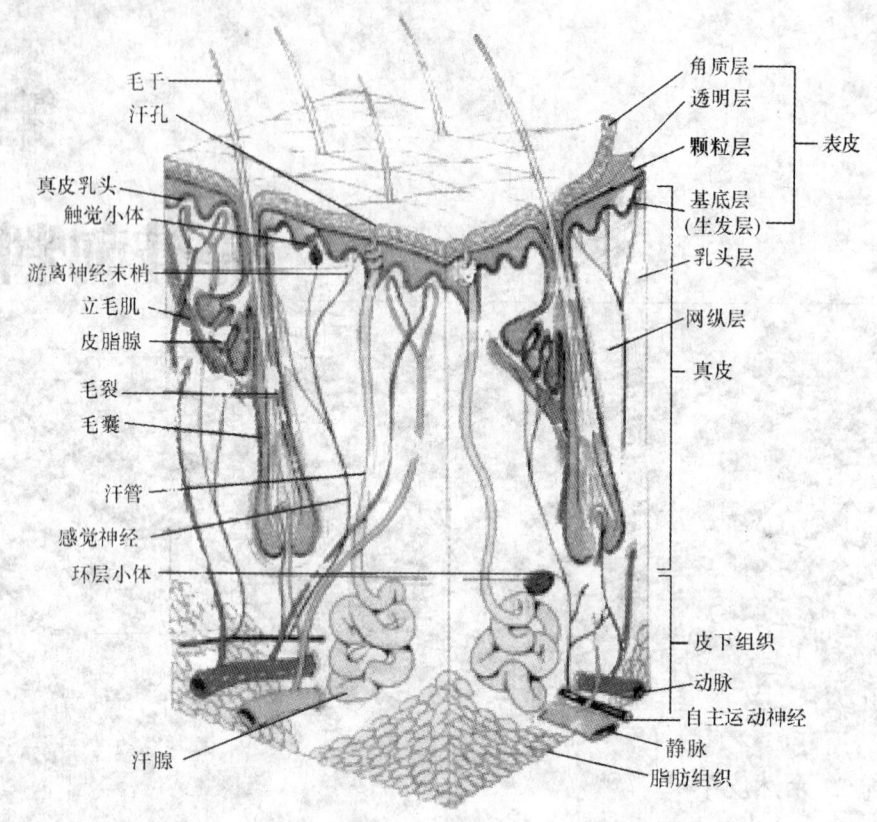

图 5—1 皮肤结构图

2. 皮革的部位

各种动物皮因其类别、年龄、性别、生活环境、饲养条件和屠宰季节不同，造成不同的特征。即使在同一张皮革上各部位的性能也不相同。由于皮革各部位的质量不同，制鞋裁断就应根据不同种类和结构的靴鞋部件的要求，因材使用皮革。皮革纤维组织紧密、表面细致的部位选裁主要部件；反之，则选裁次要部件。

根据皮革的形体位置，可划分为各个不同的部位。皮革部位划分情况如图 5—2 所示。

（1）臀背部位

臀背部位即皮心部位，组织紧密，表面细致。所占全张革的面积较大，是质量最好的部位。这是各类皮革的共同特点，适合于下裁前帮等主要部件。

（2）颈肩部位

颈肩部位的组织较臀背部位略松，表面粗糙，皱纹很多，但其占全张革相当的面积，也属于皮革的重要部位，一般适合于下裁后帮、包跟、靴筒等次要部件。

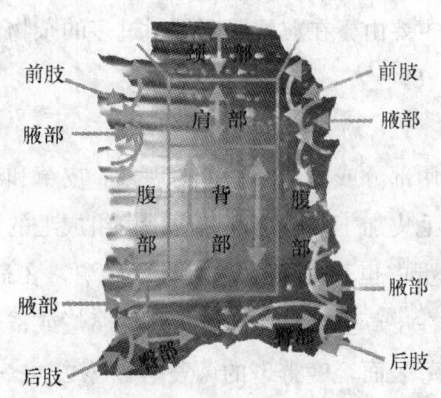

图 5—2 皮革部位划分情况

注：部位的延伸方向以箭头方向为直线

(3) 腹肷部位

腹肷部位是动物两旁肋骨和胯骨之间的部分，又称腋部。腹肷部位组织松软、较薄、力学强度较差。适合于下裁后帮、舌头、护口皮、护耳皮等次要部件。

(4) 四肢部位

四肢部位组织疏松、很薄、面积小，是全张革的次要部位。通常张幅小的皮在屠宰时就将头尾割去。适合于下裁次要部件。

皮革划分部位的意义在于裁断工艺中要区别对待，合理使用皮革，但皮革各部位的应用特点不是机械地照搬和一成不变的，仍需参考其他质量因素，如伤残、绒毛、色泽等情况，再酌情下裁。有时皮心部位虽然纤维组织紧密，但因伤残影响，也不能下裁主要部件，但次要部位即使无伤残、色泽好、绒毛适度，也不能下裁主要部件。

3. 皮革常见缺陷

皮革缺陷是指降低皮革质量或利用率的局部或全面的损伤和伤残。

常见的皮革缺陷有松面和管皱、裂面、烂面、油霜、盐霜、色斑、僵硬、裂浆、掉浆、散光等。

(1) 松面和管皱

将革向内弯折 90°，粒面呈现皱纹，放平后仍不消失；或皱纹虽消失，但仍留有明显的痕迹的现象称为松面。粒面层与网状层严重分离的情况称为管皱，表现为革的粒面上有粗大的皱纹。松面和管皱的感官检验方法为将革弯折 90°时，皱纹在 5 个以上者不算松面，3~5 个即为松面，3 个以下者为管皱。

(2) 裂面

裂面又称为脆面,主要由于在粒面层沉积了过多的杂物,把粒面双重折叠而产生的肉眼可见的裂纹现象。

(3) 烂面

粒面层受到细菌作用部分或大部分烂掉的现象。皮革和毛皮制品是皮胶原蛋白质的加工产品,制革和毛皮加工的原料皮主要是由组成毛的角蛋白和组成皮板的胶原蛋白所构成,皮胶原蛋白也是细菌和霉菌的营养源,在适当的温度和湿度条件下,细菌、霉菌会迅速在皮革上繁殖,使皮革产生腐烂或霉变,严重影响其质量甚至失去其使用价值。皮革表面轻度霉斑的菌苔可以擦去,一般仅影响皮革的外观,使皮革粒面失去光泽。严重的霉斑使皮革粒面霉变、脆裂,不仅影响皮革的外观,而且明显降低皮革的物理和力学性能,严重影响皮革的使用性能和销售。

(4) 油霜

在铬鞣革半成品或植物鞣革成品表面上,其个别部位出现的暗色油斑称为油霜。这是由于加脂或涂油不良,致使油脂分布不均所造成的。

(5) 盐霜

皮革在干燥或放置过程中,有时在不同部位的粒面上出现一层灰白色的霜状物称为盐霜。盐霜是可溶性盐,是由于革鞣制的化学药品在中和后未充分水洗所致。

(6) 色花

革面或绒毛颜色深浅不一致,有显著差别叫做色花。

(7) 僵硬

抚摸皮革时感觉发硬、干枯,以及缺乏丰满性、柔软性和弹性。

(8) 裂浆

裂浆是一种革面涂层缺陷。有两种手工检验判断方法,一种方法是革面向外四重折叠,涂饰层发生裂缝,称为裂浆;另一种方法是一手将革按牢,另一手拉伸革面,用食指在革里向上顶,并来回移动一次,若涂层裂开,即为裂浆。

(9) 掉浆

掉浆又称脱层。是成革粒面上的一种涂饰缺陷,表现为涂层从革面上呈小片状地脱落。

(10) 散光

将革面拉伸,涂层引起颜色改变或用同色的皮鞋油擦革后,颜色呈现异样的现象叫做散光。

4. 皮革的保存和防腐

皮革在保存过程中应注意以下几个方面。

(1) 防潮湿

皮革含水量约在 14%～18%，在正常温湿度条件下能保持平衡，当湿度增高时皮革将吸收水分，水分过大就容易生霉，不仅表面产生难以消除的霉斑，革质强度也会降低。因此，保管皮革首先要注意防潮，存放和陈列皮革的地方要干燥通风，避免阳光直射，离开地面和砖墙远些，梅雨季节可在皮革上涂些防霉药水。

(2) 防热

皮革除含有一定量的水分外还须含有一定量的油脂，以保持其柔软和光泽。若保管环境温度过高，皮革水分蒸发，面革纤维干枯发脆，可能出现裂面和变形的现象；若积热不散，又将引起油脂的分解变质，降低皮革的强度和柔韧性，同时也易于引起橡胶和塑料配件的老化。所以，保管和陈列的皮革不应受日光照射，不应靠近炉火、暖气管等。

(3) 防酸碱

皮革接触到带有酸碱性的物质，会受到腐蚀而使皮面裂纹、折断，降低其韧性和弹力。因此，皮革不能和肥皂、碱面、化工原料以及一些副食品等放在一起。

(4) 防虫蛀鼠咬

皮革本身含有动物蛋白质纤维和油脂成分，保管皮鞋时必须注意防虫防鼠。

(5) 防尘及其他污染

尘埃落附在革面能吸去表面层的油脂，使革面粗糙和僵硬，当油脂含量降低后，皮革表面易吸潮而发霉。同时灰尘里含有大量的霉菌孢子和作为营养源的碳和氮，所以保管时必须保持皮革的洁净。

5. 常见鞋用革

靴鞋用皮革按具体用途可分为外底革、内底革、正面革、绒面革、鞋里革、鞋垫革及鞋口革等。

常见鞋用天然革有粒面革、绒面革、纹面革、压花革、印花革、染花革及特殊效应革。

下面简要介绍几种常见的皮革：

1) 全粒面革指粒面花纹保持完整，天然毛孔及纹理清晰可见的皮革，又称正面革。

2) 轻磨面革指将皮革的粒面只轻轻磨去表皮的极少部分，在整张革面上仍保留未磨掉的那部分粒面，仍可见到天然毛孔及纹理的皮革，又称轻修面革、半粒面革。

3) 修饰面革指将皮革粒面的表面部分蹭去,以减轻粒面瑕疵的影响,然后通过不同的整饰方法造出一个仿真的假粒面,替代原有粒面的一种皮革。

4) 绒面革指以动物皮表或肉面经过磨绒后制成革面的皮革。

5) 纹面革指以动物皮表的天然粒面和纹理为特色,并凸显粒面皱纹的皮革。

6) 皱纹革指在皮革鞣制过程中用化学药品使革面缩皱的皮革。

7) 压花革、印花革和染花革指在皮革表面通过修整、模压或印染制成的皮革,统称花纹革,如图5—3所示。

a)　　　　　　　　　　b)　　　　　　　　　　c)

图5—3　花纹革

a) 绒面革　b) 印花革　c) 压花革

8) 苯胺革指在皮革整饰过程中,不用颜料而只用苯胺效应染料修饰的皮革。

9) 漆革又称漆皮,经一层或多层漆料涂成,是一种革面光亮如镜的皮革。

10) 金属革指经特殊涂饰剂和工艺加工,使革面呈现金属光泽的皮革,最常见的如金色革、银色革等。

11) 变色革指经特种变色工艺处理能产生变色效应的皮革,如将革弯折时,革面颜色变浅,放平时,革面颜色恢复原状,又叫普拉普革。

6. 鞋用天然底革

用于制作鞋的外底和内底等底料的专用皮革,称为鞋用底革。用于鞋底的天然皮革有牛底革、猪底革。

（1）天然底革的性能特点

天然底革的一般特性与面革的一般特性一样,但鞣制方法不同,其底革的性质也有所不同。

1) 植物鞣法。底革的吸水性小,耐热性差,成革收缩温度不低于75℃。

2) 铬鞣法。底革的耐热性能好，可达100℃不变形，耐磨性能好，吸水性较大。

3) 铬—植结合鞣法。底革的表面接近于植物鞣，但提高了革的耐热性能和耐磨性能。

天然底革的部位划分及其各部位的性能特点基本同于天然面革，均可参阅前述。

(2) 底革等级标准的划分

天然底革在成革出厂之前，都需要按其质量优劣情况进行等级划分。划分的目的是为了方便生产，合理地反映每张材料的实际使用价值。

等级标准划分的依据是物理和化学性能都要全面达到产品的技术要求。具体划分方法如下。

1) 按厚度分类。对底革进行厚度分类，首先应对不同品种底革的厚度进行测量，然后分类。厚度分类标准见表5—1。

表5—1　　　　　　　　　底革厚度分类标准　　　　　　　　　单位：mm

类别	猪皮外底革	水牛皮外底革	黄牛皮外底革	黄牛皮外底革薄型
特厚类	—	5～6	4.5以上	4
厚类	4～4.5	4.5～5	4～5.5	3.5～4
中等类	3～4	—	3.5～4	3～3.5
薄类	2.5～3	4.5以下	3～3.5	2.5～3
特薄类	—	—	2.5～3	2.5以下

2) 根据利用率分等级。

3) 按重量分类。

(3) 鞋用底革应用范围

鞋底革是用来制作皮鞋外底、内底等底部件的革。常用牛皮、猪皮为原料进行生产。一般内底革都是采用植鞣法生产的，外底革采用铬—植结合鞣法生产。

用鞋底革可以制作外底、内底、中底、主跟、包头、前掌、后掌、沿条、盘条、围条等多种底部件。制革时一般产品为外底革、内底革、软底革，其他部件分别从这些革上的适当部位下裁。

1) 外底革。外底革用来制作皮鞋的外底部件，如外底、掌面等。

2) 内底革。内底革用来制作皮鞋的内底部件，如主跟、包头、内底、中底等。

3) 软底革。软底革是用来制作软底鞋的底革，要求革身柔软、丰满、厚度均匀一致。

沿条、围条、盘条等条状底部件要求有适当的硬度和可塑性，以便加工时易于弯曲，又有较好的成型性。

7. 制革基本知识

制革加工分成三大工段，即准备工段、鞣制工段和整饰工段。另外一种分类方法是将制革分成湿加工工段（也叫水场）和干加工工段。第二种划分法中湿加工工段包括了第一种划分法的准备工段和鞣制工段，湿加工工段是以水作为介质来完成的，而干加工工段则指整饰工段。目前制革界将制革过程分成三大工段者居多。

（1）准备工段

主要任务是除去制革无用之物（如毛、污物、油脂等）和不需要的皮组织（如表皮、纤维间质等），对胶原纤维进行适当的松散，使皮处于最佳的鞣制状态。

（2）鞣制工段

主要任务是用鞣剂处理皮使之转变成熟革，并使革具备干加工所需要的各种基本性能，如厚薄、颜色、强度和柔软性等。

（3）整饰工段

由革的机械干处理（如摔软、磨革、打光、滚压、熨烫等）和涂饰等操作所组成，主要任务是改善成革的物理、力学性（如柔软性、延伸性等）和外观性（如颜色、光泽和平整性等），从而达到提高成革的使用价值和商品价值的目的。

二、人造革、合成革、再生革

1. 人造革

一类外观、手感似皮革并可代替其使用的塑料制品。通常以织物为底基，在其上涂布或贴覆一层树脂混合物，然后加热使之塑化，并经滚压压平或压花，即得产品，近似于天然皮革，具有柔软、耐磨等特点。根据覆盖物的种类不同，有聚氯乙烯人造革（PVC），聚氨酯人造革（PU）等。人造革几乎可以代替皮革，用于制作日用品及工业用品。根据覆盖层发泡与否，又分泡沫人造革和变通人造革；按照用途有鞋用人造革、箱包用人造革等。

2. 合成革

模拟天然革的组成和结构并可作为其代用材料的塑料制品。通常以经浸渍的无纺布为网状层，微孔聚氨酯层作为粒面层制得。其正、反面都与皮革十分相似，并具有一定的透气性，比普通人造革更接近天然革。广泛用于制作鞋、靴、箱包和球类等。

3. 再生革

皮革的边角废料经过加工变成整张皮革，叫做再生革。

再生革制造简单。将皮革废料撕磨成纤维，再用天然乳胶和合成乳胶等黏合后压制成片状。它可以代替天然皮革制成皮鞋的内底、主跟和包头，也可以作为汽车坐椅罩皮等。再生皮革的形状可以根据不同需求来制作。再生皮革不仅比较牢固，而且质轻、耐热又耐腐蚀。

皮革的边角料也可以制成胶原浆拌和成革。这种皮革与天然皮革真假难分，具有天然皮革和合成皮革材料的优良特性，正在被广泛使用。

三、纺织材料

纤维与织物材料是最早用于制鞋材料的品种之一，即使在今天，仍有大量纤维（包括合成纤维）材料直接用于制鞋，还有部分间接用于制鞋，如用特殊纤维制成的无纺布基用于制造鞋用合成面革，各种针（纺）织布作为鞋用人造革的布基等。

1. 按原料分类

纤维的种类很多，但通常根据其制造方法和化学成分不同分为天然纤维和化学纤维两大类。

纤维材料详细分类如下：

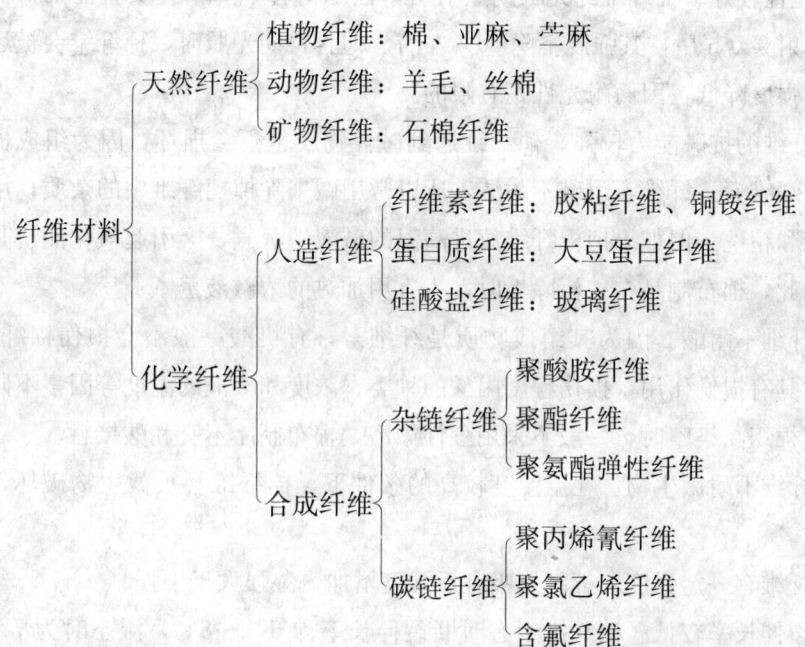

2. 各种材质名称

（1）棉纤维

在天然纤维中，棉纤维具有极其重要的地位，它是纺织工业的重要原料之一，也是制鞋工业的必需品。棉纤维是棉花植株的种粒外面密生的棉絮，经过轧花机把棉籽和纤维分开，所得的纤维叫原棉（也称皮棉），俗称棉花。原棉的每根纤维称为棉纤维。

按棉纤维的长短、粗细不同，棉纤维可分为细绒棉、粗绒棉及长绒棉三种。棉纤维的主要特性：

1) 吸湿性较好。棉纤维具有吸收水分和散发水分的性能。在常态下，棉纤维的吸湿度约为8%～9%；在饱和湿度的空气中，其最高吸湿度可达20%～30%；当温度超过105℃时，棉纤维内所含的水分便会全部挥发而散失。

2) 保温性好。棉纤维的主要成分是纤维素，纤维素是热的不良导体，同时棉纤维又是多孔性物质，其中的空气也是热的不良导体，不易传热，从而增强其保温性能。

3) 耐热性较好。棉纤维一般在温度100℃时，其坚牢度并不受影响；当温度达到120℃时，纤维有发黄的现象；但当温度升高到150℃时，棉纤维内部结构松解，强度降低，纤维素便遭到破坏；当温度继续升高到250℃时，就会产生火花而迅速燃烧起来。

4) 耐光性较好。棉纤维经光长期照射后，强度稍有下降，经实验证明，棉纤维被日光照射940 h后，其强度下降50%左右。但若长期光照时，棉纤维会被逐渐氧化变脆，强度降低，因而耐光性是有限的。

5) 棉纤维的抗碱能力较强。棉纤维遇到碱性物质也不会损坏，因为组成棉纤维的物质是纤维素，纤维素耐碱不耐酸，所以常用碱来除掉棉纤维中的杂质，用碱来进行精炼和精洗。但如果把棉纤维放进高温的碱液中蒸煮，会引起氧化而使其强度降低。因此，棉布制品在去污除垢时，不宜用加热的浓碱液蒸煮。

6) 棉纤维不耐酸。因为其组成物质是纤维素，有机酸一般不会损伤棉纤维，但无机酸对其有损伤作用，损伤程度因酸的种类、浓度和酸液的温度等因素不同而异。因此，棉织品染整时，一般不采用酸性染浴，棉布制品不宜和酸接触。

7) 棉纤维不耐微生物。在温湿度较高的条件下，棉纤维会被微生物破坏，使其生霉变质。

8) 棉纤维有一定强度。棉纤维吸湿后强度增加，湿强大于干强。

9) 断裂伸长率较低。棉纤维干态时断裂伸长率为6%～8%，湿态时为7%～11%。

10) 棉纤维较粗，耐磨性尚好。

总之，棉纤维一般具有一定的强度，且吸水性、耐热性、保温性、耐光性较好，容易染色、耐洗涤、耐漂白，所以实用价值较大。

(2) 麻纤维

麻纤维属于天然纤维中的植物纤维，是从植物茎部剥下来的韧皮层，是植物纤维中的茎纤维。麻的种类很多，可以作为纺织材料的主要有苎麻、亚麻、黄麻等，但其主要为苎麻。苎麻的主要特性有：

1) 强度和耐磨性高于棉纤维，吸湿性也高于棉纤维，且湿强大于干强。
2) 抗水性能优越，不易因水浸而发霉腐烂。
3) 对酸、碱的反应与棉纤维相似，即耐碱不耐酸。
4) 耐光性能好，光照后强度几乎不下降。
5) 断裂伸长率比较低，为 1.5%～2.3%。
6) 对热传导快，穿着具有凉爽感。

亚麻是从亚麻植物的韧皮部分中获得的，亚麻和苎麻的区别在于亚麻纤维比苎麻纤维短而且细。亚麻具有类似于苎麻的特性，也具有同样的用途。

总之，麻纤维的硬度、强度较高，光泽较好，耐水性强，表面光滑，接触时有凉爽感；但缺少弹性，难以伸长，易起皱。故麻布是以坚牢耐穿、爽滑透凉而著称。

麻纤维主要用做制造高强度、耐水性好的织物材料，用麻纤维制成的麻线和织成的麻布均是制鞋工业的良好材料。

(3) 蚕丝

蚕丝属于天然纤维中的动物纤维，是从蚕茧上取得的，又称丝纤维。它的主要成分为蛋白质类。蚕丝分为家蚕丝和野蚕丝两种，家蚕丝即桑蚕丝，野蚕丝的种类较多，主要是柞蚕丝，蚕丝中以桑蚕丝为主。桑蚕丝的主要特点有：

1) 桑蚕纤维细而长，一个蚕茧上的蚕丝其长度短的可达 600～800 m，长的可达 1 200～1 500 m。
2) 桑蚕纤维具有较好的强度，其强度大于毛，小于麻，接近于棉。
3) 断裂伸长率大于麻、棉，小于毛。
4) 吸湿性好，吸湿能力大于棉，小于毛。
5) 对酸有一定的抵抗能力，对碱比较敏感。
6) 丝的耐磨性一般。
7) 耐光性差，经过一定时间光照后，强度显著下降。
8) 蚕丝不耐盐。如将丝纤维放入 0.5% 的食盐水中浸渍 15 个月，会使丝纤维组织破坏。

9）蚕丝是绝缘体，可用来做绝缘材料。

10）蚕丝的耐热性能一般比较稳定。

总之，丝纤维细长而柔软，有一定的强度和弹性，富有光泽；在稀酸溶液中具有一定的抵抗力，但对碱的抵抗力差，不耐盐溶液；易染色，染色后能得到美丽的色彩；受日光照射后，强度变弱。主要用于制造薄而轻、色泽鲜艳、富有悬垂性的服装材料，由丝纤维纺制的丝线常用于制鞋工艺中。

（4）毛纤维

毛纤维属天然纤维中的动物纤维，其组成物质主要是蛋白质。毛纤维主要有羊毛纤维、兔毛纤维、骆驼绒等，其中以羊毛为主，我国毛纺工业所用的羊毛原料绝大部分是绵羊毛。羊毛纤维的特点有：

1）羊毛纤维的弹性好，回弹率较高，其制品在使用过程中不易起皱。

2）吸湿率高，为天然纤维中吸湿能力最优良的纤维。在通常状态下，羊毛回潮率一般为14%左右；在潮湿空气中达30%；饱和点可达50%。

3）耐磨性能一般。其摩擦因数是可变的，顺毛摩擦阻力小，摩擦因数小，逆毛摩擦则相反。

4）耐光性较差。长期光照后颜色变黄，弹性和强度均降低，手感变得粗硬。毛织品洗后需晾在阴凉通风处，防止日光暴晒，可延长织品寿命。

5）其强度是天然纺织纤维中最低的。

6）断裂伸长率是天然纤维中最大的，可达25%～35%。

7）耐酸不耐碱。因羊毛属于蛋白质纤维，对酸类侵蚀作用的抵抗力比植物纤维强得多，所以纯毛织物可做化工厂防酸劳保之用；对碱的抵抗能力比棉纤维差。

8）具有缩绒性。缩绒性是指在湿热条件下给羊毛或毛织物以机械力（反复挤压揉搓），毛纤维相互咬合成毡，毛织物缩短变厚的性质。

9）羊毛纤维极易被虫蛀，抗蛀性很差。

10）具有可塑性。羊毛在蒸汽的作用下，纤维膨胀、发软、失去弹性，此时如把羊毛压成各种形状，并将其迅速冷却，虽解除压力，但已形成的形状却经久不变，这种特性称为可塑性。可塑性能增加织衫的美感。

总之，毛纤维的弹性好，不易起皱，具有可塑性、吸湿性好等特性，可制成贵重的毛织品；但也有强度低、耐光性差、有缩绒性、易受虫蛀等缺点。其毛织品在制鞋工业中可作为高级轻便鞋的面料。

3. 鞋用材料

纤维材料是制鞋工业不可缺少的材料。在制鞋工艺中，皮鞋帮部件的结合及帮底部件的结合，需要不同类型的纤维材料。纤维材料的使用情况和其本身质量的好坏，直接影响靴鞋的坚牢程度、外形及性能。因此，在制鞋生产中，应根据靴鞋的结构、用途、制作工艺等来选择合适的纤维材料。

缝合用线，线是由若干根单纱经捻合而制成的纱的集合体。制鞋用的缝合线与靴鞋部件的结合质量和美观有着密切的关系，因此缝合用线是重要的鞋用纤维材料。鞋用缝合线分为两类：一类是制帮工艺用的缝纫线，如棉线、丝线、麻线等；另一类是制底工艺用的缝合线，主要是麻线。各种线的原料、品种、规格及性能等均不同。

(1) 棉线

棉线是由很多根棉纱并合加捻而成的。

1) 棉线的原料。用来制造棉线的棉纱属于精梳棉纱，精梳纱的纤维长而细，纱体均匀，平滑而光洁。

2) 棉线的品种。根据棉线的染整方法分为本色线（原色线）、漂白线及色线；根据加工整理方法不同分为蜡光线（也称蜡线、有光线）和无光线。

本色线经漂白成为漂白线，漂白后染成单色为色线。

蜡光线是经过上浆（浆液中含淀粉和油脂），并在表面上涂上蜡质，再经磨光处理而成，蜡光线的线条较紧密、平滑，并富有光泽，质地较硬，强度较大。无光线不经上浆和磨光处理，一般是将加捻后的线进行漂白或染色即成，因而无光线光泽较差，质地较柔软。

3) 棉线的细度和股数。3 股纱的线通常是一次加捻而成，6 股纱的线则是先将 2 股并合加捻成 3 根线后，再把这 3 根线并合加捻而成。

(2) 麻线

麻线是由麻纤维纺成麻纱后，再合捻加工而成。按麻线的原料来源不同，分为亚麻线和麻线两种。亚麻线是用亚麻纤维先纺成亚麻纱，再由亚麻纱捻合成亚麻线。麻线则是用麻纤维纺成麻纱，再由麻纱加捻而成麻线。在麻纤维中麻线的性质比较好，纤维强韧，软而长，伸长率较大，吸湿和放湿都比较快，所以制鞋生产中，使用的主要是麻线。麻线在制鞋上主要用于配底工艺上的缝合线。麻线在使用前通常经过适度的松香蜡处理，使线的表面光滑，并提高防水和防腐蚀性能，增加麻线的强度。

(3) 丝线

1) 丝线的原料。丝线是以生丝为原料，生丝来源于蚕茧，是由蚕茧巢制成，由蚕茧生产生丝的过程叫巢制。

巢制分为机巢和手工巢两种方式。用机器巢制的丝称为厂丝，以手工巢制的丝称为土丝。厂丝品质优良，条干均匀，接头少，色泽光亮。土丝粗细不均，质量低劣。缝制靴鞋均使用厂丝。

2) 厂丝的规格。厂丝线密度的表示方法也与棉线、麻线相同，是以 tex 表示。厂丝是由多粒茧抽出的丝并合而成，一般是由浸在热水中的 5～10 粒蚕茧抽出的丝合成一根生丝。由于各种茧丝的细度不完全相同，所以巢制的厂丝细度不可能保持绝对均匀一致，允许有一定的差异幅度存在。

3) 外观疵点。丝线上常有的疵点有：

①霉丝。由于丝线本身干燥程度不够，加之储存不良或过久使丝线产生不同的颜色，如出现灰、黑、绿等霉色，光泽黯黑并能嗅到霉味。

②水渍。丝线受潮发热、质量发生变化，从外观上看失去原有光泽，丝线成蜷缩状态。此种丝线在使用时易脆。

③黑点。丝线内粘有尘土蛹屑等杂质，使丝线上有黑点。土丝中此种现象更常见。

④紧丝。在捻合丝线时，丝线中有一根或一股丝条过紧，在丝线的表面上可见到此根，或此股丝条缩进。这种丝线使用时易断裂。

⑤松弛丝。在捻合丝线时丝条松弛，在丝线的表面有纶丝或浮丝等现象。此种丝线使用时也易断裂。

此外，还有同一轴或同一绞内的丝线光泽程度不同、色相不一、有缠绕等疵点，也影响丝线的质量和外观。

(4) 鞋带

鞋带是用棉纱编织成的具有一定长度和宽度、两端用铝片或用醋酸纤维胶片扎带头以防止松散并便于穿带的圆形或扁形的各种色泽的编织物。

1) 带的编织方法。鞋带是由两组斜向的纱线编织而成的，一组线斜向左上方，另一组线斜向右上方。鞋带采用斜向编织法的特点是使鞋带内所有的纱线都能承受长度方向的拉力，并且拉力越大，纱线承受长度方向的拉力越接近平行。

2) 鞋带外疵点。在同类产品中颜色不一致；鞋带两头不圆整，出现松动、翘开等现象；鞋带内出现跳线、断线等现象叫做鞋带外疵点。

(5) 毛毡

毛毡主要是用没有纺纱价值的羊毛和牛毛等毛纤维，经过开毛、洗毛、合毛、梳毛、铺毛、压缩、平卷、裁边和烘干等工序制造而成。

毛毡分为纯羊毛毡和混合毛毡两种。纯羊毛毡是用绵羊秋毛搭配部分春毛和少量的制革下脚毛和制鞋下脚毡渣制成的。混合毛毡中羊毛不低于60%，牛毛或其他动物毛以及下脚毛共占40%。

由于毛毡具有优良的弹性、丰满性，很强的吸湿及保暖等性能，所以毛毡作为制鞋材料应用很广，如用做各种防寒靴鞋的毡里、毡内包头、护跟衬毡、鞋毡垫等。它的保暖性能虽不如毛革，但成鞋在穿着中不易掉毛。

四、鞋用橡胶材料

鞋用橡胶材料可分为天然橡胶和合成橡胶两大类。天然橡胶由含橡胶的植物所得胶乳经加工而成。合成橡胶是由单体经聚合或缩合而制成弹性高分子化合物，生产合成橡胶的主要原料是石油、天然气和煤。

鞋用橡胶材料主要是天然橡胶，合成橡胶有丁苯橡胶、丁二烯橡胶（顺丁橡胶）、异戊二烯橡胶（合成天然橡胶）、氯丁橡胶、丁腈橡胶和乙丙橡胶等。下面针对鞋用橡胶材料作简要阐述：

1. 天然橡胶与胶乳

天然橡胶来源于自然界中含有橡胶成分的植物中，这种植物种类很多，其中含橡胶成分最多的为巴西三叶橡胶树。我国是1904年开始引种三叶橡胶树的，主要种植在海南岛、雷州半岛、广西和云南等地区。

(1) 天然橡胶的品种

1) 烟片胶。胶乳一般都制成干的胶皮，烟片胶便是其中的一种，它是天然生胶中有代表性的品种，产量最多，耗量最大。

烟片胶是以鲜胶乳为原料，经凝固、压片、熏烟等工序制成的表面有菱形花纹的褐黄色、略透明的胶片。根据外观质量分为若干等级。

2) 风干胶片。采用新鲜胶乳做原料，加入化学催干剂，经加酸凝固、压片、风干、烘干等工序制成的表面有菱形花纹的浅黄色胶片。

烟片胶和风干胶片相比较，烟片胶颜色较深，风干胶片颜色较浅，适于制造白色，浅色和彩色制品。

3) 皱片层胶。皱片橡胶的制造方法与烟片胶相似，只是不用烟熏法干燥，而是直接用热蒸汽干燥，并采用化学药剂防腐。

皱片胶根据所用原料的好坏和加工的优劣，分为白皱片和褐皱片两种。前者采用鲜胶乳做原料，胶凝固前必须经过漂白，除去其中的色素，使其质量纯净。这种胶片为白色，较干净，主要用于制造白色或浅色制品。后者是用采胶过程中，自然凝固的胶团、泥胶等"朵胶"做原料，制成表面有色皮纹的胶片。这种胶片杂质较多，质量较差，是颜色较深的褐色胶片，只适用于制造一般橡胶制品。

4）颗粒橡胶（标准橡胶）。这是近年来，在包装制造工作重大改革后出现的新产品，颗粒橡胶是把鲜胶乳用酸凝固出来的胶片通过机械切剖或胶乳通过化学作用制成几毫米大小的颗粒，不熏烟，利用热蒸汽快速干燥制成的一种固体粒状生胶，然后加压包装。

除上述品种外，还有特制天然橡胶，如纯化橡胶、粉末橡胶以及天然橡胶衍生物等。

(2) 天然橡胶的结构

天然橡胶的主要成分是橡胶烃，橡胶烃的含量达90%以上。

橡胶烃由异戊二烯组成，其化学结构为 $[CH_2-\underset{\underset{CH_3}{|}}{C}=CH-CH_2]_n$。由于聚合度（n）的数目不同，其分子量不同，实际上天然橡胶是聚异戊二烯不同分子量的混合物。天然橡胶分子的聚合度平均在5 000左右，平均分子量约为350 000。

(3) 天然橡胶在制鞋业中的应用

天然橡胶在制鞋业中应用非常广泛，是制鞋业中胶制部件的主要原料之一。它广泛应用于鞋类的底材、胶面、胶鞋面材、鞋类的胶粘剂以及各种胶部件。

在鞋类底材所用的原料中，天然橡胶应用较多，一般可以用100%的天然橡胶制备鞋底材（可称透明底、树胶底），也可以用天然橡胶为主与其他胶种或塑料并用制备底材。

(4) 天然橡胶的工艺加工

天然橡胶加工工艺流程为：塑炼→混炼→压延、出型→硫化成型。

1）塑炼。塑炼是借助热，利用专业机械使橡胶软化成具有一定可塑性的均匀物过程。

2）混炼。混炼是橡胶工业中最重要的基础工艺，是生胶（经过塑炼）和各种配合剂，在炼胶机上经过翻炼混合达到均匀分散，然后再出胶片以至停放的全过程。

3）压延、出型。压延是橡胶加工中常用的工艺之一，它是指将混炼胶在压延机上压片、贴合、压型和纺织物挂胶等作业。

4）硫化。硫化是橡胶制品加工中的主要工艺过程之一。硫化是指在加热或辐照的条件下胶料中的生胶与硫化剂发生化学反应，使橡胶由线型结构的大分子交联成为立体网状结构的大分子,而使胶料物理力学性能及其他性能得到明显改善的过程。

2. 天然胶乳

天然胶乳是从橡胶植物中用采割或浸出等方法获得的。

天然胶乳的用途一种是制浓缩胶乳,以满足各方面对纯胶和外纯胶胶乳制品的需要,另一种是制干胶原料。

天然胶乳在制鞋工业中的应用有:一是在胶粘剂方面应用,如用做皮鞋绷帮胶粘剂、胶鞋发泡垫、布面胶鞋的合布胶浆、围条胶浆以及胶面胶鞋的里子布浸浆和喷浆等;二是浸渍制品,浸渍套鞋等。

3. 合成橡胶

合成橡胶是以煤、石油、天然气等为原料,首先制成不饱和的碳氢化合物单体(大量使用的有丁二烯、异戊二烯、氯丁二烯等,其次是苯乙烯和丙烯腈等),然后在一定条件下经过催化剂的作用,使单个不饱和的碳氢化合物发生聚合反应,互相结合起来,而形成了合成橡胶。

合成橡胶的种类很多,其性能和种类因单体的不同而不同。按不同的性能和用途,合成橡胶可分为通用合成橡胶和特种合成橡胶两大类,近代随着高分子化合物合成工业的发展又产生了热塑性橡胶。

(1) 丁苯橡胶 (SBR)

丁苯橡胶是应用最广、产量最多的通用合成橡胶。

1) 丁苯橡胶的结构与合成。丁苯橡胶是由丁二烯和苯乙烯两种单体,在乳液或溶液中用催化剂聚合而制得的共聚物,为浅黄褐色的弹性体,其化学结构式如下:

$$[CH_2-CH=CH-CH_2]_m[CH_2-CH]_n$$

2) 丁苯橡胶的品种。丁苯橡胶的品种依苯乙烯的含量比例分为高苯乙烯橡胶和丁苯橡胶。普通丁苯橡胶中,苯乙烯的含量通常为 23.5%。根据用途不同,还可制成其他含量,其中,苯乙烯的含量在 50% 以上者,叫高苯乙烯橡胶,它是用于制造耐磨和硬度高的制品;苯乙烯含量低的丁苯橡胶,其低温性能好,可用于制耐寒制品。苯乙烯含量越多,丁苯橡胶的耐老化性和耐热性、耐磨性能就越好,但弹性、耐寒性、黏着性和工艺加工性能则越差。当苯乙烯含量超过 60% 时,常温下具有结晶的状态,已失去橡胶性质,称为树脂。

3）丁苯橡胶在制鞋工业中的应用。丁苯橡胶广泛用于制鞋的胶制部件，如底材、鞋面及其他配件之中。它可以单一作为胶制部件的主体材料，也可同时与其他弹性体或树脂、塑料并用成为鞋胶制部件主体材料。

（2）顺丁橡胶（BR）

顺丁橡胶是顺式－1，4－聚丁二烯橡胶的简称。它是由丁二烯一种单体在催化剂作用下，按着一定的聚合方法制得的聚合物，其化学结构式为：

$$[CH_2-CH=CH-CH_2]_n$$

1）聚丁二烯的橡胶化学结构

顺式－1，4－聚丁二烯结构如下：

$$\left[\begin{array}{cc} H & H \\ | & | \\ C=C \\ | & | \\ CH_2 & CH_2 \end{array}\right]_n$$

反式－1，4－聚丁二烯结构如下：

$$\left[\begin{array}{cc} H & CH_2 \\ | & | \\ C=C \\ | & | \\ CH_2 & H \end{array}\right]_n$$

2）种类。根据聚合时采用的催化剂（含钴、镍、钛、锂）种类的不同，顺丁橡胶又分为钴型、镍型、钛型和锂型四种。依据顺式－1，4结构含量的多少，顺丁橡胶又分为高顺式（含量96%～98%）、中顺式（含量85%～95%）和低顺式（含量在32%～40%）三种。

目前使用和生产的顺丁橡胶，其分子中顺式结构的含量都在94%以上，是属于高顺式顺丁橡胶。

3）性能。顺丁橡胶由于其分子结构主要是顺式的，分子排列规整，所以它具有很高的弹性，是所有橡胶中弹性最大的一种。顺丁橡胶具有很好的耐低温性能，其中高顺式顺丁橡胶的玻璃化温度为－105℃，是通用型橡胶中耐低温性能最好的一种。

4）顺丁橡胶在制鞋工业中的应用。目前，制鞋工业中应用最广泛的品种是顺式－1，4－聚丁二烯橡胶（又称顺丁橡胶）。它广泛应用于制备各种鞋类的胶制部件，如鞋底、中底、围条等，由于该种橡胶耐寒性能好，生产军用、劳动保护鞋底最好。

（3）异戊橡胶（IR）

异戊橡胶是顺式-1,4聚异戊二烯橡胶的简称。其外观是白色的,其化学组成和结构与天然橡胶相似,性能接近天然橡胶,所以也叫合成天然橡胶。

1) 异戊橡胶的结构与合成。异戊橡胶是由异戊二烯单体 ($CH_2=CH-\underset{\underset{CH_3}{|}}{C}-CH_2$) 在溶液中定向聚合而成的。

其结构式为:

$$-[CH_2-\underset{\underset{CH_3}{|}}{C}=CH-CH_2-CH_2-\underset{\underset{CH_3}{|}}{C}=CH-CH_2-CH_2-\underset{\underset{CH_3}{|}}{C}=CH-CH_2]_n-$$

由于采用不同的催化体系,聚合物的分子量、分子量分布等特征均有所不同。若采用齐格勒-纳塔催化剂(三烷基铝/卤化钛)制得的聚异戊二烯橡胶,顺式-1,4结构含量为96%~97%,分子量较低,分子量分布较宽,较易结晶,在高温下有较高的强力。此种橡胶成型黏结性大,撕裂性能良好。若采用有机锂催化剂制得的聚异戊二烯橡胶,顺式-1,4结构含量为92%~93%,分子量较大,分子量分布较窄,弹性好,生热低,流动性好,易于注压成型。

以上二类催化剂合成的顺式-1,4结构聚异戊二烯橡胶,分子结构、分子量及其分布特性、黏度以及相对密度等都与天然橡胶相似。

2) 异戊橡胶的性能和用途。异戊橡胶的结构与天然橡胶相似,因此性能与天然橡胶也相近似,可在胶面胶鞋、鞋面、鞋底及胶部件中应用。

(4) 氯丁橡胶

1) 氯丁橡胶的结构

氯丁橡胶是2-氯-1,3丁二烯($CH_2=\underset{\underset{Cl}{|}}{C}-CH=CH_2$)为单体,在催化剂的作用下经乳液聚合而成的。其化学结构式为:

$$-[CH_2-\underset{\underset{Cl}{|}}{C}=CH-CH_2]_n-$$

氯丁橡胶的分子量分布较宽,为2万~95万。氯丁橡胶在聚合过程中生成四种结构的聚合体:

反式-1,4结构(占88%~92%)

顺式-1,4结构（占7%~12%）

1,2结构（占1.5%左右）

3,4结构（占1.0%左右）

2）氯丁橡胶的种类。氯丁橡胶的品种、牌号较多，是合成橡胶七个大品种中牌号较多的一种。按照外观形态分为干胶、胶乳和液体胶；按照制法工艺分为硫调节型、非硫调节型和混合调节型；按所添加防老剂的污染性分有污染型和非污染型；按用途分有通用型和专用型。

3）氯丁橡胶在制鞋工业中的应用。氯丁橡胶与天然橡胶并用可以使用在胶鞋围条上，也可以制耐油鞋大底，专用型氯丁胶中的粘接型氯丁胶可以制备鞋用胶粘剂，氯丁胶乳胶粘剂也在制鞋业中应用。

(5) 丁腈橡胶（NBR）

丁腈橡胶是由丁二烯和丙烯腈经乳液聚合制得的无规共聚物，其代号为NBR。

1）丁腈橡胶分子结构。丁腈橡胶是由丁二烯（$CH_2=CH-CH=CH_2$）与丙烯腈（$CH_2=CH-CN$）共聚制成的。

其分子量为70万左右，是浅黄色略带香味的弹性体，是目前用量最大的一种以耐油性著称的特种合成橡胶。

2）丁腈橡胶的种类。丁腈橡胶种类繁多，可以根据其分子的化学组成和结构来分类，也可根据用途分为通用型和特种类型两大类。但是丁腈橡胶的基本分类还是依丙烯腈含量的不同来分的。国外生产的丁腈橡胶其丙烯腈含量在15%~50%，共分五个等级；国产丁腈橡胶的丙烯腈含量有三个等级，相当于国外的高中等和低等丙烯腈含量等级，分别表示为丁腈-40、丁腈-26、丁腈-18三类。

3) 丁腈橡胶在制鞋工业中的应用

丁腈橡胶主要用来制造耐热和耐油的制品,如生产耐油劳保鞋。为了改善使用性能,丁腈橡胶与天然橡胶、丁苯橡胶、氯丁橡胶、聚氯乙烯等并用。

(6) 再生橡胶

再生橡胶是指废橡胶制品经化学、热及机械加工处理后,使硫化橡胶的网状结构破坏,有效地将其重塑化再生,成为能够再次配合、加工和硫化的橡胶。

1) 再生胶分类。再生胶分为三种:轮胎再生胶、胶鞋再生胶、杂品再生胶。三种再生胶所用材料:轮胎再生胶是各种类型机动车所用废的轮胎的橡胶及类似材料,胶鞋再生胶是各种胶鞋、布鞋、皮鞋所使用过的废的橡胶,杂品再生胶是各种规格的内胎、水胎及其他废的橡胶制品。

2) 再生橡胶在制鞋工业中的应用。再生橡胶能替代部分生胶用于制造一些制鞋产品,并可降低成本,改善胶料的加工性能;一般再生胶可用于制备皮鞋底、布鞋底、胶鞋底以及胶鞋的海绵中底和硬中底等部件。

五、鞋用塑料

塑料材料是一种多功能、多用途的高分子材料,制鞋业对塑料需求量很大,塑料是制鞋的重要材料之一。鞋底、鞋面材料,鞋的零部件、装饰件乃至包装都要用到塑料,有的鞋是100%用塑料制成的。塑料种类繁多,但是制鞋生产中主要应用热塑性塑料,因为鞋是一种形状不规则的产品,组成它的部件几何尺寸复杂,而塑料正是能够较好地满足这一特殊要求的材料,如聚氯乙烯(PVC)、热塑性橡胶(TPR)、SBS、聚氨酯(PU)、ABS 树脂、鞋用热熔胶聚酯、聚酰胺和乙烯—醋酸乙烯共聚物(EVA)等。下面简要介绍几种常用塑料材料。

1. 聚氯乙烯(PVC)塑料

聚氯乙烯是最早工业化生产的塑料品种之一,在塑料中产量最大。随着聚烯烃的发展,其目前在国外产量仅次于聚乙烯居第二位。聚氯乙烯塑料在工业、农业和日常生活中,获得了广泛应用。

(1) 聚氯乙烯(PVC)的结构

聚氯乙烯是由氯乙烯单体经加聚反应而得到的均聚物,其分子结构式为 $-[CH_2-CHCl]_n-$,平均聚合度 P 为 500~2 000,分子量为 5 万~12 万。

(2) PVC 塑料在制鞋工业中的应用

聚氯乙烯(PVC)是进入制鞋领域最早的塑料制品,主要产品有 PVC 全塑鞋,如全塑料凉鞋、全塑料胶鞋、塑料拖鞋、海滩鞋等；PVC鞋底主要用于布鞋底、部分皮鞋底、旅游鞋底等；还有PVC微孔塑料拖鞋及其他PVC塑料鞋件。

2. 聚乙烯（PE）

（1）聚乙烯的名称结构

聚乙烯是由乙烯加聚而成的高分子化合物，其分子结构中仅有C、H两元素。分子式为 $\text{---}[CH_2\text{---}CH_2]_n\text{---}$，作为塑料的聚乙烯分子量达一万以上，根据聚合条件的不同，实际分子量可以从一万到几百万不等。

（2）聚乙烯的生产方法

可分为高压法、中压法和低压法。其产品性能随其分子结构而异。以密度指数来分，有低密度聚乙烯和高密度聚乙烯两种。

（3）聚乙烯（PE）在制鞋工业中的应用

聚乙烯（PE）由于具有强度高、韧性好、易加工、密度小等特点，在制鞋生产中主要用于制作塑料鞋楦，其他如鞋跟、包装膜、泡沫包装片、鞋带封头等。在鞋底应用方面，聚乙烯与乙烯—醋酸乙烯共聚物（EVA）并用。

3. 聚丙烯（PP）

聚丙烯是1957年以后用虚拟性聚合工艺制造的聚烯烃树脂，在我国是合成树脂的主要品种之一。

（1）聚丙烯的结构

聚丙烯即丙烯的高分子量聚合物，由C、H两元素构成。分子式为：$\text{---}[CH_2\text{---}CH(CH_3)]_n\text{---}$，分子量为10万～52万。

（2）PP塑料在制鞋工业中的应用

聚丙烯塑料用于制鞋主要是制造鞋跟，鞋跟还要用经过表面处理的无机或有机填料，如用碳酸钙、木屑等，和聚丙烯树脂混合，经塑化造粒后注射成型。还用于制造鞋钩心和半托底，鞋用帮面上的装饰件，如鞋眼、商标等。

4. 乙烯—醋酸乙烯共聚物（EVA）

乙烯—醋酸乙烯共聚物简称EVA，是由乙烯与醋酸乙烯共聚而成的一种热塑性树脂。

（1）EVA的生产方法和结构

EVA目前主要采用高压法生产，按游离基反应历程进行聚合，其一般工艺条件为30～40 MPa、90℃，并以过氧化物或偶氮化合物为引发剂。EVA的结构为：

$$-\!\!\!-\!\!\mathrm{CH_2\!-\!CH_2\!-\!CH\!-\!CH_2}\!\!-\!\!\!-_n$$
$$\quad\quad\quad\quad\quad\quad\quad | $$
$$\quad\quad\quad\quad\quad\quad\mathrm{CH_2COO}$$

(2) EVA 的性能

由于乙烯和醋酸乙烯的竞聚率很接近，故能按加料摩尔比进行共聚。共聚产物中两种单体的比例可以在宽广的范围内变动，相应得到各种不同性能的 EVA。

(3) EVA 塑料在制鞋工业中的应用

在制鞋工业中，用 EVA 可制得软质泡沫片，可制作泡沫塑料凉鞋、拖鞋、布鞋和皮鞋底材，还可用做皮鞋、旅游鞋等透明外底。

用 EVA 乳胶浸渍无纺布可用做皮鞋、旅游鞋的主跟、包头材料。EVA 乳液也可作胶粘剂直接用于鞋的衬里、扪边以及主跟、包头的黏合。

5. 聚酰胺（PA）

聚酰胺简称 PA，是一类主链上含有许多重复酰胺基团 $-\overset{\overset{\mathrm{O}}{\|}}{\mathrm{C}}-\mathrm{NH}-$ 的聚合物总称，又称为尼龙，用做纤维时，称为锦纶。

聚酰胺在制鞋工业中的应用包括三种形式的尼龙。

(1) 纤维型

尼龙织布用做鞋帮材料，具有较好的耐磨性；尼龙线用于缝制鞋帮，鞋帮的牢固性优于其他缝纫线所缝制鞋帮；用尼龙单丝生产的搭扣也用于制鞋业。

(2) 胶粘剂型

共聚尼龙可以用于制造鞋用热熔胶涂鞋的内包头。

(3) 塑料型

塑料型尼龙可用于生产鞋后跟、鞋掌面、冰鞋底、跑鞋底、足球鞋底、拉锁、工作鞋包头、钩心等。

6. ABS 树脂

ABS 树脂是丙烯腈－丁二烯－苯乙烯三元共聚物的简称，它是在聚苯乙烯树脂改性的基础上发展起来的一种工程塑料。

ABS 树脂在制鞋生产上主要用于生产鞋跟，还可以在鞋跟上进行包皮、喷涂、电镀等二次加工。其中用于包皮、喷涂加工的鞋跟通常是采用通用级、耐冲击级 ABS 树脂，而用于生产电镀后跟的树脂则需选用电镀级 ABS 树脂。

用热塑性丁苯橡胶（SBS）共混改性的 ABS 树脂可用于生产冰鞋的包头，其耐低温性能及抗冲击性能都可以满足穿用要求。

7. 聚苯乙烯（PS）树脂

聚苯乙烯（PS）是一种常用的发展较早的热塑性树脂。聚苯乙烯由 C、H 两元素构成，常以 PS 简称，分子式为： ，平均分子量 20 万左右。

聚苯乙烯（PS）在制鞋工业中的应用：

(1) 用于无纺布包头、主跟的浸渍。

(2) 用于热塑性丁苯橡胶（SBS）鞋料的配方改性。

(3) 用于制造特殊鞋底。

聚苯乙烯树脂是制造仿皮底的重要材料，这种仿皮底的显著特点是耐磨，其密度也比普通橡胶底轻。

8. 热塑性橡胶（TPR）

热塑性橡胶是近代发展起来的一种新型材料。在鞋底材料中，热塑性橡胶占有突出的位置。热塑性橡胶兼有塑料的热塑性与橡胶的高弹性，在高温下可呈现塑性流动状态，可以像热塑性塑料一样进行加工成型，不需要进行硫化；而在常温下又具有橡胶的弹性。其弹性和塑性两种物理状态之间的相互转变仅取决于温度的变化，而且是可逆的，因此在加工过程中的边角料可以重新加以利用。热塑橡胶可以像塑料那样经挤出、注射、模压等工序成型。

热塑性橡胶是一类新型合成高分子聚合物，是一种橡胶和塑料的嵌段共聚体。

由于热塑性橡胶具有特殊的结构，在鞋底部件生产方面应用广泛，并可以直接在鞋上注塑鞋底。热塑性橡胶还广泛地应用于整体鞋的生产。TPR 还适宜制作各种棉鞋和布鞋，是目前鞋底材料中耐寒性最好的一种。另外 TPR 制作鞋用胶粘剂、处理剂也是应用的一个重要方面。

9. 聚氨酯（PU）弹性体

聚氨酯是聚氨基甲酸酯的简称，英文名 Polyurethane，缩写成 PU。它由二元或多元异氰酸酯与二元或多元羟基化合物反应制得。聚合物的主链上含有许多重复的 $-NH-\underset{\underset{O}{\|}}{C}-O-$ 基团。根据所用原料不同，可得不同性质的产品：可以是热塑性的，也可以是热固性的；可以是很柔软的弹性体，也可以是很硬的塑料，或者介乎两者之间的产物；既可以做成泡沫体，也可以做成致密物；既可做橡胶、塑料制品，也可用做合成纤维、胶粘剂和涂料。因此说 PU 是一种多功能、多用途的材料。关于 PU 纤维，目前制鞋领域尚未涉及；PU 胶粘剂、PU 人造革、合成革等

在制鞋业中广为应用。

聚氨酯弹性体（或者叫聚氨酯橡胶），按照加工方法的不同，大致可分为混炼型、浇注型及热塑型三种。混炼型和浇注型均为热固聚氨酯。

PU在制鞋上的应用非常广泛，既可以做鞋面料——PU人造革、PU泡沫复合面料、二层贴膜（PU）革等，又可以做鞋底——包括外底、中底、掌面，还能做胶粘剂、涂饰剂等。

例如，PU泡沫鞋底的制造与应用：聚氨酯泡沫鞋底的成型方式分注模法和注射法两种。注模法是将两组分严格按计算量送入设备混合头进行混合，定时注入模具，密封固化后出模。注射法（注塑法）是将两组分混合后，在装好鞋帮的模具中，直接注射原液，发泡成鞋底，直接生产带帮鞋。即在装填鞋帮的上模和压制鞋底的下模之间注入A、B二液组分，使鞋底成型与鞋帮粘接同时进行，一般使用转盘式注射（塑）机进行生产。

六、鞋用胶粘剂

胶粘剂能将两种或两种以上同质或异质的制件（或材料）连接在一起，固化后具有足够强度的有机或无机的、天然或合成的一类物质，胶粘剂也称为粘合剂、粘接剂，习惯上称为胶。

随着科学技术的发展，胶粘剂的新品种不断增加，同时许多新的合成材料进入制鞋工业，这样对胶粘剂又提出了新的要求，因此，近年来国内外制鞋工业都在致力于胶粘剂新品种的研制，以适应不同的需要。

从胶粘剂的类型看，制鞋工业中主要应用的有水溶型、溶剂型、热熔型等几种类型，下面做分别介绍。

1. 水溶型胶粘剂

水溶型胶粘剂是指基料溶解成分分散在水中的高分子物质组成的胶粘剂。溶解于水的也可称为水溶液胶粘剂。天然橡胶、动物胶、淀粉、糊精、松香等天然物质均可配制成水溶型胶粘剂。这里仅列举糯米糨糊、聚乙烯醇及其缩甲醛胶粘剂。

（1）糯米糨糊

糯米糨糊是在糯米粉内掺入适量的水和加入少量的白矾经过煮沸，搅拌成稠稀的物质。糨糊不但黏性很大，而且干燥后使部件坚硬牢固，因此在靴鞋生产中常用糨糊粘贴主跟、包头及其他部件。在正常的使用条件下，糯米糨糊有良好的粘接效能，但受潮后容易使部件生霉，为了克服这种缺点，在糨糊内必须加入防腐剂（石炭酸或福尔马林）。现在有些鞋厂仍在使用糯米糨糊。

(2) 聚乙烯醇及其缩甲醛胶粘剂

聚乙烯醇（简称 PVA）是一种水溶性合成树脂。

1) 聚乙烯醇胶粘剂就是将聚乙烯醇放在水中浸泡，在搅拌下加热到 80～90℃，直至胶液呈浅黄白色的透明液体即可。这种胶在保持一定温度下，可以直接使用。

2) 聚乙烯醇缩甲醛胶粘剂。聚乙烯醇缩甲醛是由聚醋酸乙烯酯经皂化制得聚乙烯醇，然后再由聚乙烯醇与甲醛进行缩化反应，而得聚乙烯醇缩甲醛（属于化学糨糊）。

$$\text{\textemdash}[CH_2\text{\textemdash}CH]_n\text{\textemdash} + RCHO \rightarrow \text{\textemdash}[CH_2\text{\textemdash}CH\text{\textemdash}CH_2\text{\textemdash}CH]_n\text{\textemdash}$$
$$\quad\quad\quad |\quad\quad\quad\quad\quad\quad\quad\quad\quad\quad |\quad\quad\quad\quad |$$
$$\quad\quad\quad OH\quad\quad\quad\quad\quad\quad\quad\quad\quad O\text{\textemdash}CH\text{\textemdash}O$$
$$\quad\quad\quad\quad\quad\quad\quad\quad\quad\quad\quad\quad\quad\quad\quad\quad\quad\quad\quad |$$
$$\quad\quad\quad\quad\quad\quad\quad\quad\quad\quad\quad\quad\quad\quad\quad\quad\quad\quad\quad R$$

式中　R—H 或 C_3H_7。

聚乙烯醇缩甲醛胶粘剂用于绷楦工序黏合主跟、包头。以上两种聚乙烯醇胶粘剂和聚乙烯醇缩甲醛胶粘剂均可在制鞋生产工艺中应用。

2. 溶剂型胶粘剂

溶剂型胶粘剂是将天然或合成的树脂、橡胶或塑料，溶于适当的可挥发溶剂中，加入或不加入填料，配成一定浓度的溶液，或将单体直接缩聚为一定固体含量的溶液，这些都称为溶剂型胶粘剂。它不包括以水为溶剂的胶粘剂。

(1) 天然橡胶胶粘剂（汽油胶）

天然橡胶胶粘剂分溶剂型、胶乳型。溶剂型橡胶胶粘剂通常是采用 120# 溶剂汽油为溶剂，黏附性强，黏合速度快，适用于制帮抿边、粘鞋里、镶接、粘鞋垫、粘解放鞋的围条与鞋面。胶乳型（天然橡胶乳）胶粘剂不使用溶剂，同样在布鞋、皮鞋、橡胶鞋多道工序中应用。

(2) 聚氯乙烯树脂胶粘剂

一般是将聚氯乙烯溶解于四氢呋喃、环己酮等溶剂中，配制成胶粘剂，主要用于聚氯乙烯粘接。

(3) 氯丁橡胶胶粘剂

溶剂型氯丁橡胶胶粘剂是橡胶型胶粘剂中的一个重要品种。目前，在我国胶粘皮鞋生产中，用量最大的也是氯丁橡胶胶粘剂，国内制鞋行业广泛用于绷帮和帮底结合中。它适用于皮革与皮革、皮革与橡胶、布与布的粘接。

氯丁橡胶胶粘剂的出现推动了制鞋工艺革命。

(4) 接枝型氯丁胶胶粘剂（GCR）

随着鞋类的发展，不断采用新材料如聚氯乙烯（PVC）人造革、聚氨酯（PU）合成革与聚氯乙烯（PVC）底、聚氨酯（PU）底、丁苯嵌段共聚物（SBS）底和乙烯—醋酸乙烯共聚物（EVA）泡沫底等黏合的不断应用，普通鞋用氯丁橡胶（CR）胶粘剂，已不适应这些材料的冷粘要求。近年来，出现了以CR为基料的接枝型胶粘剂，用甲基丙烯酸甲酯（MMA）进行接枝聚合，使CR/MMA接枝共聚物即有PMMA对PVC人造革的黏附性，又有CR的弹性和初黏性。这种胶粘剂主要适用于人造革、合成革、塑料底、橡塑底、尼龙及有机玻璃等材料的粘接，如PVC人造革、凉鞋、旅游鞋、橡塑仿皮底鞋等。

(5) 氯丁胶乳胶粘剂

氯丁胶乳是最早开发的合成胶乳，具有与纯天然胶乳相似的性质。通常用在制鞋生产的制帮、绷帮、包托底、粘木跟包皮等工序中。

因为氯丁胶乳是水基型胶粘剂，因此无污染、无毒，很有发展前途。

(6) 聚氨酯（PU）胶粘剂

聚氨酯是聚氨基甲酸酯的简称，也叫聚亚胺酯或聚亚氨基甲酸酯。

是一种在主链上含有氨基甲酸酯基（—NHCOO—）的胶粘剂，简称聚氨酯胶粘剂。由于结构中含有极性基团，提高了对各种材料的粘接性，并具有很高的反应性，能在常温固化。胶膜坚韧、耐冲击、曲挠性好、剥离强度高，有良好的耐超低温性、耐油和耐磨性，但耐热性较差。

它广泛地用于粘接皮革、泡沫塑料、棉布等多孔性材料，也可粘接尼龙橡胶、塑料等表面较光洁的材料，对含有增塑剂的聚氯乙烯也具有很好的粘接性能。

聚氨酯胶粘剂有许多种类，在制鞋工业中使用的是端异氰酸酯基聚氨酯预聚体胶粘剂及一步法制备的聚氨酯胶粘剂。这一类胶粘剂是聚氨酯胶粘剂中最重要的一部分。其特点是初始粘接强度大、弹性好、耐低温性能超过其他品种。

聚氨酯胶粘剂对以下鞋材黏合效果更好：

1) 含油脂高（超过8%）的真皮革。
2) 高增塑剂含量的聚氯乙烯人造革。
3) 聚氯乙烯鞋底。
4) 各种聚氨酯人造革与合成革。
5) 各种聚氨酯鞋底。

聚氨酯胶粘剂分为单组分和双组分两种，在制鞋中帮底结合都采用双组分较多。

(7) SBS胶粘剂

SBS胶粘剂就是以SBS为基料的溶剂型胶粘剂。它与普通橡胶型胶粘剂相比有以下特点：黏合强度好，成膜速度快，达到最大黏合强度的时间短，不需添加"硫化剂""交联剂"等助剂。SBS胶粘剂为单组分胶液，未用完的胶液存放很长一段时间后，仍可继续使用，操作非常方便，用途也很广泛，除能粘天然皮革与硫化橡胶外，还能黏合成革、棉纤维织物、聚苯乙烯橡塑底、仿皮底、SBS底等多种材料，而且粘SBS底时无须事先卤化，可直接在鞋底上涂胶。

SBS胶粘剂为单组分胶粘剂，使用方便，储存期长。在一般生活用胶粘鞋生产中，SBS胶粘剂完全可以代替氯丁胶使用，其黏合强度可达到7 kg/cm以上，胶膜耐寒、耐曲挠性能良好。其不足是活化温度偏高，耐热性偏低。

3. 热熔型胶粘剂

热熔型胶粘剂是指不含任何溶剂，在常温下呈固态，加热时又熔融变成液态的胶粘剂，热熔型胶粘剂（聚酯、聚酰胺）如图5—4所示。

图5—4 热熔型胶粘剂（聚酯、聚酰胺）

制鞋品种、工序比较多，就需要用不同种类或规格的热熔胶。按其成分分类，鞋用热熔胶可分为以下几类：

（1）聚酰胺类热熔胶

聚酰胺是指大分子链上含有许多重复酰胺基团（—CONH—）的一类聚合物的总称。在制鞋生产上主要用于绷帮、涂内包头、抵边等工序。

（2）聚酯类热熔胶

聚酯是二元酸和含多官能羟基料反应的产物，它包括线性饱和聚酯和不饱和聚酯，在制鞋生产上主要用于绷前帮、绷后帮。

（3）聚烯烃热熔胶

这一类热熔胶在制鞋生产上的应用以 EVA 为主，其他包括聚乙烯热熔胶、聚丙烯热熔胶等，还有待研发。

七、化工配合剂

在制鞋材料中，使用橡胶、塑料或橡塑共混物的配套过程，离不开各种化工配合剂，故从广义的角度也可称为"橡塑配合剂"，如布、皮、胶鞋的底材，大多以橡胶、塑料或两者的共混体为主体。另外，胶鞋的围条、中底、鞋头、大梗子，胶浆以及后跟皮等部件无不取材于橡胶，因此，化工配合剂在制鞋材料成型中起着重要作用。

1. 分类

鞋用化工配合剂应按功能划分，也即从它们在加工中或产品使用中所起的作用进行分类，可分为六个体系，即硫化体系、防护体系、补强填充体系、增塑软化体系、塑料的配合剂、其他化工配合剂。

2. 硫化体系

硫化是橡胶材料成型鞋部件的重要工序，也是橡胶加工中最复杂的物理化学过程。硫化体系是硫化剂、硫化促进剂、硫化活性剂及防焦剂等四者的总称。

（1）硫化剂

凡能使橡胶分子迅速交联的物质称为硫化剂（或交联剂），应用于鞋类的硫化剂有硫黄、过氧化物等。

（2）硫化促进剂

硫化促进剂简称促进剂，是橡胶配合上不可缺少的组分。鞋用橡胶常用的促进剂有：

1）促进剂 M。促进剂 M 是噻唑类促进剂中应用最广的品种，鞋类橡胶部件均采用比促进剂。

2）促进剂 DM。本品是噻唑类促进剂的另一重要品种，其中鞋类橡胶部件应用最广。

3）促进剂 D。本品是胍类促进剂中的重要品种，本品为中速促进剂，效能偏低，硫化平坦范围窄，单用时老化性能好。

4）促进剂 CZ。本品是次硫酰胺类中最早出现的品种之一，也是橡胶的主要促进剂，多用于合成橡胶类。

5）促进剂 TMTD。它又名促进剂 TT，是鞋类橡胶部件采用秋兰姆类超速促进剂的主要品种，功能有高效、高速的特点。

6) 促进剂 NA-22。本品是氯丁橡胶及含氯弹性体的专用促进剂，在鞋类生产上用于胶粘鞋氯丁胶粘剂中，也可用于氯丁胶底配合剂。

(3) 硫化活性剂

硫化活性剂为橡胶硫化三要素（即硫化剂、促进剂和活性剂）之一，硫化活性剂简称活性剂，又称助促进剂。活性剂分为无机活性剂和有机活性剂，无机活性剂主要有氧化锌、氧化镁等，有机活性剂为硬脂酸、多元醇衍生物（如二甘醇）。

(4) 防焦剂

防焦剂能防止橡胶料在操作期间产生早期硫化，同时又不妨碍硫化温度下促进剂的正常作用，从而提高橡胶料加工操作过程中的安全性。但由于加入这类物质后对橡胶料性能多少会带来一些不良影响，故除万不得已的情况，一般不使用。但在调整硫化体系难以达到理想操作安全性时，加入防焦剂往往可以很简单地满足橡胶料对焦烧性能的要求。常用的防焦剂有邻苯二甲酸酐、邻羟基苯甲酸等。

3. 防护体系

高分子材料都有老化过程，橡胶也不例外。老化是指橡胶在加工、停放和使用中，因内外环境综合影响而逐渐失去原有的特性，如弹性度差，强度下降甚至丧失使用价值的过程。其表现为软化发黏或硬化变脆，表面龟裂、变形或变色发霉等。对任何橡胶而言，老化是必然的、不可避免的，而添加防护体系是延缓这种进程的有效措施。防老剂的种类繁多，作用也各不相同。按防老剂的化学结构，通常分胺类防老剂和酚类防老剂两大类。

(1) 胺类防老剂

1) N-苯基-α-萘胺，其商品名称为防老剂 A。

2) N-苯基-β-萘胺，其商品名称为防老剂 D。

(2) 酚类防老剂

在制鞋工业中常用苯乙烯化苯酸（SP）等防老剂，SP 的化学结构式为：本品为浅黄色至橙黄色黏稠液体，相对密度为 1.07～1.09，易溶于丙酮、酒精等有机溶剂中，不溶于水，化学性质稳定。

SP 为天然橡胶、合成橡胶及胶乳用的中等强度防老剂，价格便宜。它对热、屈、挠、光、气候等老化条件有良好的防护作用，它不变色，也不会污染与其接触的其他材料。

SP 主要用于胶鞋、胶布、胶乳海绵、白色制品、艳色制品及透明制品加工，一般用量为 0.5~2 份。

另外，在制鞋生产中较为常用的天然橡胶、合成胶的不变色防老剂，还有双酚类防老剂 4,4′－二羟基联苯（DOD），DOD 的结构式为：

$$HO-\bigcirc-\bigcirc-OH$$

它的商品名称为防老剂 DOD。

4. 补强填充体系

补强填充体系主要包括补强剂和填充剂。凡在胶料中主要起补强作用的填料叫做补强剂，由于其化学活性比较大，又叫活性填料；凡在橡胶料中主要起增容作用的填料叫填充剂，因其化学活性较低，一般又称惰性填充剂。

（1）补强剂

凡能提高硫化橡胶的强力、撕裂强度、定伸强力、耐磨等物理力学性能的配合剂叫做补强剂。

1）补强机理。补强机理有两种说法：一种为物理吸附，即补强剂的粒子很细，表面性能活泼，能与橡胶的基团吸附，物理吸附能使橡胶产生机械增强作用；另一种为化学键反应，补强剂表面的强键与橡胶键反应，使橡胶产生化学增强作用，但目前尚无一致结论。

2）补强剂的分类。补强剂可分为无机补强剂和有机补强剂两大类。无机补强剂中的炭黑最重要，其次是白炭黑、活性陶土、氧化锌、碳酸镁等；有机补强剂如古马龙、酚醛树脂等。补强剂的分类如下：

补强剂
- 无机补强剂
  - 炭黑
  - 白炭黑
  - 氧化锌——相对密度大，价高，现只作为硫化活性剂
  - 碳酸镁
  - 活性陶土
- 有机补强剂
  - 松香树脂——丁苯橡胶、天然橡胶补强好，但防老性差
  - 苯乙烯树脂——丁苯橡胶补强好
  - 酚醛树脂——丁腈橡胶补强好
  - 木质素——木材纸浆废料的综合利用，可单用或与炭黑掺用

（2）填充剂

填充剂是极便宜的材料。凡能适当掺入胶料中，起到增加胶料的体积，节约橡

胶用量，降低成本的材料统称为填充剂。填充剂中最便宜、使用最广泛的为碳酸盐类，其次为硫酸盐类。

1) 碳酸钙。有重钙与轻钙两种。橡胶工业是用轻钙作填充剂。轻钙又称轻质碳酸钙，是沉淀法生产的，所以也称沉淀碳酸钙，它是从天然矿石（石灰石）或贝壳中制取的。分子式为 $CaCO_3$。

2) 活性轻质碳酸钙。

3) 硅酸钙。

4) 锌钡白。

以上四种填充剂在制作橡胶部件时均采用。除此以外金属氧化物也可作填充剂。

5. 增塑软化体系

增塑软化体系主要是指增塑剂，增塑剂是能使橡胶等高聚物增加塑性，使之易于加工，并能改变制品某些性能的物质。

增塑剂按其作用机理可分为物理增塑剂和化学增塑剂，物理增塑剂习惯上称为软化剂，化学增塑剂习惯上称为塑能剂。

(1) 物理增塑剂的种类及常用品种

物理增塑剂种类繁多，按来源和化学成分可分成石油类、煤焦油类、植物油类、酯类和脂肪酸类等几大类，其中以石油类增塑剂的应用最为广泛。

1) 石油类增塑剂。它是石油加工的产物，主要有加工油（又称为操作油、填充油）、机械油、重油、柴油、凡士林、石蜡、酒精等。由于石油类增塑剂来源充足，价格便宜，其应用范围和耗量正在日益扩大。

2) 煤焦油类增塑剂。它是由煤经过干馏而得到的油状产物，呈褐色至黑色。煤焦油类增塑剂常含有酚基或活性氮化物，因而与橡胶的互溶性好，并能提高橡胶的耐老化性能，但对促进剂有抑制作用，对硫化有影响，同时还存在脆性温度高的缺点。

此类增塑剂包括煤焦油、古马隆树脂和煤沥青等。

3) 植物油类增塑剂，其分类如下：

植物油类
- 脂肪油
  - 脂肪酸：其中最主要的是硬脂酸
  - 脂肪油：棉籽油、菜籽油、大豆油、亚麻仁油等植物油
  - 油膏
- 松焦油
  - 松焦油：为常用增塑剂
  - 松香
  - 松节油（松香油）

4) 酯类增塑剂主要有邻苯二甲酸二丁酯和邻苯二甲酸二辛酯等，它们常用于丁腈类极性橡胶的增塑。

(2) 化学增塑剂（增解剂）

所谓化学增塑剂就是通过化学作用增强生胶塑炼效果，缩短塑炼时间的物质。

常用的化学增塑剂有 P—萘硫酚和五氯硫酚。

6. 其他化工配合剂

橡胶工业中用的助剂除上述几种配合体系外，还有其他配合剂，如发泡剂、着色剂、脱膜剂、溶剂等。

(1) 发泡剂

发泡剂就是能促进发生泡沫而形成闭孔或联孔结构材料的物质。对发泡剂的要求是无毒、分解温度适宜、易在橡胶中分散，而且发孔率高。发泡剂可分为无机发泡剂和有机发泡剂两大类。

1) 无机发泡剂（碳酸氢钠和明矾）

碳酸氢钠（$NaHCO_3$）俗称小苏打，多用于胶鞋的海绵中。因为碳酸氢钠受热易分解放出二氧化碳，同时生成碳酸钠和水，使橡胶生成极微小的开孔结构。其用量通常为 5~15 份。

明矾（$K_2SO_4 \cdot Al(SO_4)_3 \cdot 24H_2O$），它是含有结晶水的硫酸钾和硫酸铝复盐。明矾也可使橡胶生成开孔结构，但比碳酸氢钠形成的孔径大，所以发孔也大。明矾很少单用，多与小苏打并用。

此外，无机发泡剂还有氯化铵、亚硝酸钠等，但很少使用。

2) 有机发泡剂（发泡剂 AC 和发泡剂 H）

发泡剂 AC 的化学名称为偶氮二甲酰胺，结构式为：

$$H_2N-\underset{\underset{O}{\|}}{C}-N=N-\underset{\underset{O}{\|}}{C}-NH_2$$

橡塑并用鞋底的微孔发泡，一般用 AC 作发泡剂。因为分解温度高，所以在较高温度下使用。

发泡剂 H，也称发泡剂 BN，其化学名称为二亚硝基或次甲基四胺，化学结构式为：$ON-N\begin{matrix}CH_2-N-CH_2\\ | \quad\quad\quad\quad | \\ CH_2 \quad N-NO \\ | \quad\quad\quad\quad | \\ CH_2-N-CH_2\end{matrix}$，本品对天然橡胶和合成橡胶都适用，且工艺操作简单安全，是目前制造海绵鞋底（中底）及微孔底等制品使用最广泛的发孔

剂，用量约为1~3.5份。

此外，有机发泡剂还有苯磺酰、偶氮二异丁腈等发泡剂。

（2）着色剂

凡加入橡胶胶料中以改变制品颜色为目的的物质统称为着色剂。

橡胶的着色在于赋予制品漂亮的色彩，提高橡胶制品的防护作用，吸收和反射某些光线。橡胶制品的着色还有特殊意义，如救护用的橡胶制品颜色鲜艳可使目标更加明显，军用橡胶制品的着色可使目标更加隐蔽等。

一般要求着色剂在硫化时不发生化学变化，有良好的着色力，在日光和空气作用下不变色，不影响橡胶制品的性能，不易喷出橡胶制品表面，且耐溶剂。

着色剂分无机和有机着色剂两大类。无机着色剂耐寒、耐日光、耐溶剂性能好，品种少。有机着色剂一般没有无机着色剂耐热性好，但色泽鲜艳，着色力强，品种多。

1）无机着色剂。无机着色剂分为白色着色剂、黄色着色剂、红色着色剂、蓝色着色剂和黑色着色剂。

白色着色剂：有钛白粉、锌钡白（玄德粉）。

黄色着色剂：有铬黄和氧化铁黄（铁黄）。

红色着色剂：有氧化铁红和镉红、锑红。

蓝色着色剂：有群青和亚铁氰化钾。

黑色着色剂：炭黑等。

2）有机着色剂。有机着色剂种类很多，大多属于有机化合物的钡盐和钙盐。

红色着色剂：其中橡胶大红又分立索尔玺红、立索尔大红、立索尔深红、耐晒玫瑰红、永固红等几种。

黄色着色剂：有联苯胺黄、耐晒黄、汉沙黄、永固黄等。

绿色着色剂：有酞菁绿、橡胶绿、品绿等。

蓝色着色剂：有酞青蓝，耐晒的孔雀蓝、还原蓝、油溶纯蓝等。

黑色着色剂：其中油溶黑，可用于塑料、橡胶、鞋油中。

（3）溶剂

橡胶溶剂主要用于溶解橡胶料，调配胶浆，在成型操作中涂抹在橡胶料表面以增加黏性，是供黏合及修补之用的物质。

在制鞋工业中目前大量使用的溶剂是汽油，其次是苯类。

1）脂肪烃类溶剂。主要是指橡胶溶剂汽油。

2）芳香烃类溶剂。主要有苯、甲苯、二甲苯等。

（4）脱模剂

脱模剂是橡胶加工时的操作助剂。用脱模剂的目的是有利于压出、成型和硫化制品脱膜等操作。

橡胶底用模具硫化时，因受热橡胶呈黏流态充满模具，硫化后为将鞋底成功脱模，而加入的物质称为脱模剂。

脱模剂可分无机脱模剂、有机脱模剂和高聚物脱模剂三种：

1) 无机脱模剂。无机脱模剂效率较差，有碍环境卫生，因此应用上有一定的限制。无机脱模剂有滑石粉、云母粉等。

2) 有机脱模剂。有机脱模剂卫生条件好，脱模能力高于无机脱模剂，但不如高聚物脱模剂。有机脱模剂有硬脂酸钠、硬脂酸锌、甘油等。

3) 高聚物脱模剂。高聚物脱模剂具有效率高、热稳定性大的特点，其发展迅速，尤其是有机硅发展更快，这是因为硅油与大多数橡胶不相溶，是一类比较理想的脱模剂。有机硅热稳定性高，不产生积垢，不腐蚀模型或制品本身，反使制品外观更加美观，也不影响制品的性能。

高聚物脱模剂主要有聚乙二醇、低分子量聚乙烯、128 号硅油、202 号甲基含氢硅油、二甲基硅油、295 号硅脂等。

7. 塑料的配合剂

塑料配合剂是生产塑料的重要组成部分，它不仅在塑料成型加工中起着重要作用，而且直接影响塑料制品的性能和应用。塑料配合剂主要有增塑剂、发泡剂、稳定剂（热、光）、填充剂、着色剂、润滑剂等。

（1）增塑剂

增塑剂是批量最大的塑料助剂的品种。为了改进聚合物成型时的流动性和增进制品的柔顺性等，常在聚合物中加入一类物质，借以降低聚合物分子之间的作用力来达到这种目的，加入的这类物质即称为增塑剂，而这种作用称为增塑作用。

PVC 常用的增塑剂按其化学结构可有下列类型。

1) 邻苯二甲酸酯类。通式为：苯环-$COOR_1$/$COOR_2$，式中 R_1、R_2 是烃基主要品种有邻苯二甲酸二辛酯（DOP）、邻苯二甲酸二丁酯（DBP）

2) 脂肪族二元酸通式为：$R_1-O-\overset{O}{\overset{\|}{C^*}}-(CH_2)_n-\overset{O}{\overset{\|}{C}}-O-R_2$

它们是由己二酸、壬二酸和癸二酸与辛醇芳香醇、丁醇生成的二酯，其中任何一种的低温柔软性都良好。

其中癸二酸与辛醇脱水而得到的癸二酸二辛酯（DOS）为代表品种。

3）磷酸酯。这类增塑剂中比较常用的是磷酸三甲酚酯。

除上述三大类外，还有环氧化合物、聚酯增塑剂、石油增塑剂等。

（2）稳定剂

稳定剂是加工塑料制品的主要助剂，稳定剂是防止和抑制树脂在成型和使用过程中，受热、光、氧的作用而引起分解和变化的物质称为稳定剂。

稳定剂的种类很多，下面主要介绍以下几种。

1）抗氧剂。常用的抗氧剂有橡胶工业用的防老剂（有还原性的多元酚和芳香胺类）以及取代酚、取代双酚和亚磷酸酯等。

2）光稳定剂。是能吸收、屏蔽紫外线或使吸收了紫外线能量的分子稳定化的物质，均可称为光稳定剂。最常用的有炭黑、钛白粉、活性氧化锌等。

3）热稳定剂。是防止和抑制高分子材料在加工过程中，受热降解并延长使用寿命。常用的热稳定剂有：

①铅类稳定剂，如三盐基性硫酸铅。

②金属皂类，此类稳定剂一般是碱土金属，如铍、镁、钙、锶、钡与硬脂酸（$C_{18}H_{35}O_2$）、月桂酸（$C_{12}H_{23}O_2$）或蓖麻酸所形成的皂类。

③有机锡类。这类稳定剂是透明度优秀的稳定剂，光热稳定性好，但用量不多，具有加工优良的特殊优点，因此在稳定剂中占有相当重要的地位。如二月桂酸二丁基锡为淡黄色的液体，能制成十分透明的制品，具有优良的润滑性、耐气候性，常被用于软质塑料中。

此外，二月桂酸二辛基锡也是最常用的锡类稳定剂，其他稳定剂还有环氧化合物、螯合剂等。

（3）润滑剂

润滑剂是凡能改变塑料熔体的流动性能，减免其对设备的黏附，易于成型加工的物质均称为润滑剂。目的是为了防止塑料在加工成型时黏附在金属设备或模具上，防止黏附现象发生损害制品的外观，加上某种物质使成型加工容易进行。

常用的润滑剂可根据化学组成和不同作用分为金属皂类、烃类化合物，脂肪酸及衍生物。

1）金属皂类。

2）烃类化合物：包括石蜡、天然蜡、合成树脂，常用产品为石蜡。

3）脂肪酸及其衍生物：硬脂酸是由油脂经皂化制成润滑剂。

除此之外，还有硬脂酸锌、硬脂酸丁酯、乙烯基二硬脂酸酰胺等。

(4) 着色剂

着色剂可赋予塑料制品各种颜色，主要是为了美观，有时也利用颜色的物理作用和化学作用。

1) 着色剂的分类。着色剂有染料和颜料之分。染料一般均匀溶于水中或特种溶液中，或借助于适当化学药品，成为可溶性以达到染色目的，其色彩鲜艳，着色力强，但耐热、耐光性差。并溶于水或溶剂的染料基本不采用。颜料（无机颜料和有机颜料）在塑料中着色时均匀分散，特点是不溶于水，与染料相比鲜明度、着色力较差，但耐热、耐光、耐溶剂性、耐迁移性等较好，所以颜料在塑料着色中使用较多，尤其是有机颜料使用更多。

2) 着色剂、有机颜料、无机颜料的部分产品名称。

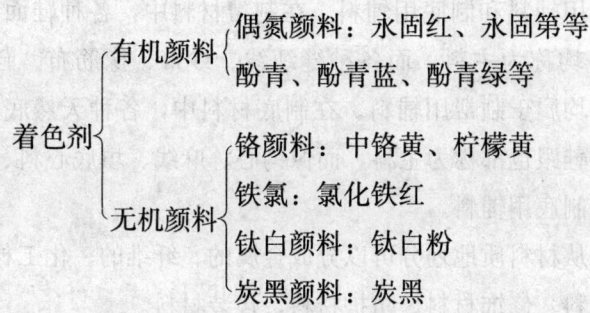

3) 着色剂的使用。着色剂一般都是要和增塑剂研浆使用，有利于分散，硬制品也可直接加入粉料成型。

(5) 发泡剂

发泡剂是使塑料、橡胶等高分子材料产生微孔的物质，是通过物理状态的变化或加热分解而释放气体，在聚合物中产生细孔或蜂窝状结构的化合物。

根据制造泡沫塑料方法的不同，发泡剂可分为物理发泡剂和化学发泡剂。物理发泡剂最常用的是正戊烷和石油醚，可作聚苯乙烯发泡剂。化学发泡剂是一种加热能释放出气体（如 CO_2、氮气或氨气等）的物质，化学发泡剂在工业生产中主要采用无机发泡剂和有机发泡剂两种。

发泡剂在塑料、橡胶材料中应用主要制取泡沫塑料、海绵制品为制鞋产业提供材料及制品。

(6) 填料

填料是一些在配方中相对地呈惰性的粉状材料，它可以改进塑料的硬度、冲击强度等物理力学性能。

常用的矿物性填料，如陶土、滑石粉、白土、石粉、石棉、云母粉等，以及有机填料如木屑、棉布、纸、大豆粉等。各种来源的炭黑常用做橡胶的补强剂，在塑料中也经常使用，除增强之外，还有很好的抗光老化作用。

除以上几种主要助剂外，还有助燃剂、防静电剂、防霉剂、交联剂、增白剂等。

第二节　鞋用辅料种类

在制鞋生产中，除了主要原料外，还需要不少的辅助材料。如果按生产工序划分，这些辅料又可以分为制帮用辅料和制底用辅料。在制帮材料中，各种鞋面革、鞋里革、合成鞋面革、里布等均称为主料，而各种缝纫线、纱带、橡筋布、鞋眼圈、鞋钎、装饰件、胶粘剂等均属于制帮用辅料。在制底材料中，各种天然底革、合成底革及各种材料的鞋底、鞋跟也都称为主料，而像钩心、麻线、填底心料、蜡饼、圆钉、包鞋纸等则都属于制底用辅料。

鞋用辅料品种较多，如果从材料质地划分可以分成金属的、纤维的、化工材料的等辅料。下面将列举金属材料、修饰材料、防护材料、包装材料。

一、鞋用金属材料

制鞋生产中所用的金属材料主要有各种钉类、钩心、掌铁、钎扣、金属饰件等。它们起着连接、加固、支撑、防护、装饰等作用。

1. 钉类

鞋钉的种类较多，如圆钉、橡皮钉、秋皮钉、螺钉、卡钉、鼓铜钉及各种专用鞋钉等。

(1) 圆钉

圆钉俗称铅丝钉。钉帽为圆形、平头，钉尖为锥形。圆钉常用在钉内底、绷楦、钉盘条、钉鞋跟等工序上，起到临时固定或永久固定的作用。鞋用圆钉的正常规格有三英分至一英寸长的五种规格，其名称即以长度命名，现在改为毫米制单位，分别为三分圆钉（9.5 mm）、四分圆钉（12.7 mm）、五分圆钉（15.9 mm）、六分圆钉（19.1 mm）、英寸钉（25.4 mm）。

(2) 橡皮钉

橡皮钉也叫做沉头圆钉，与圆钉的区别在于钉杆粗壮、钉帽厚度上呈斜坡形。

橡皮钉适于钉合橡胶鞋跟和在橡胶跟上钉各种后跟铁。橡皮钉在橡胶跟内产生较大的挤压作用，钉帽也被钉在橡胶内，不易脱出。橡皮钉也有多种规格尺寸供钉跟时选用。

（3）秋皮钉

秋皮钉也是一种圆帽平头钉，钉帽径较圆钉大，钉杆呈四棱状，且自头部向尖部逐渐细小。秋皮钉表面经防锈处理后发蓝。秋皮钉钉入橡胶材料后，钉的四条棱线有较大的抗拔作用。钉尖易于变曲，能与皮革等材料较牢固地结合。秋皮钉一般长度为 13～19 mm，常用于钉鞋掌。

（4）螺钉

螺钉是一种钉杆上有螺纹、钉帽上有一字形刀口的钉子。螺纹自钉尖开始向钉头方向旋转，用旋具旋拧，可以把螺钉拧紧。螺钉有木螺钉和鞋用螺钉两类。鞋用螺钉比木螺钉钉杆粗壮，帽厚而斜度小，螺纹也粗。在钉木质鞋跟时，常把螺钉拧在跟座的中间部位，加强鞋跟的结合牢度。

在使用螺钉时，钉杆应从钩心后孔内穿出，然后再拧入鞋跟内。常用鞋用螺钉的规格为 22 mm 长，钉杆粗 4.3 mm，帽径 5.5 mm，帽厚 2.4 mm。

（5）卡钉

卡钉也叫做扒锯钉，钉身呈 U 字形。使用卡钉时，将钢丝引入到卡钉机器内，把钢丝切割成一定长度的同时钢丝被弯曲成 U 字形，然后机器的撞杆将 U 形卡钉打进被钉合部件，其动作类似于订书器。卡钉常用于钉合内底、钉合帮角、固定钩心、外底及胶掌胶跟面等。

卡钉的两钉脚长度为 9～10 mm、12～13 mm 不等，可根据需要调整，两钉脚长度也可以长短不同。用于制作卡钉的铜丝有圆形的和扁形的。圆形钢丝的粗细度是以号数来表示的：号数越大钢丝直径越小。绷楦时一般使用 23～25 号钢丝，钉跟面常用 14～18 号钢丝。圆钢丝规格尺寸见表 5—2。

表 5—2　　　　　　　　圆钢丝规格尺寸　　　　　　　　单位：mm

线规号	直径	线规号	直径	线规号	直径
14	2.00	18	1.20	22	0.70
15	1.80	19	1.00	23	0.60
16	1.60	20	0.90	24	0.55
17	1.40	21	0.80	25	0.50

（6）鼓铜钉

鼓铜钉是一种用铜材制作的钉子，与圆钉相似，但钉帽呈鼓起的圆形。它常用于高档皮鞋钉合掌面,既有紧固连接作用,又有装饰美化作用。在保管时,常把鼓铜钉放在滑石粉内,防止受潮生锈。

(7) 运动鞋钉

前面提到的几种鞋钉,是生产一般鞋常用的鞋钉,此外还有一些专用于运动鞋上的鞋钉。

在生产跑鞋、跳鞋等运动鞋时,为了防止鞋底打滑,在鞋底上要安装钉子。这种钉子的钉尖从鞋底穿出,在跑跳时能牢固地抓着地面,有很好的稳定作用。这一类鞋钉称为跑跳鞋钉。

在生产足球鞋时,鞋底上也装圆头鞋钉,称为足球鞋钉。类似的还有高尔夫鞋钉等。

2. 钩心

钩心是使用在鞋底腰窝部位的、起支撑作用的底部件。一般把钩心安装在内底和半内底之间。钩心由 45°冷轧钢条冲压而成,具有一定的硬度和弹性。在平跟鞋上,也可以用竹片及其他合成材料代替钢钩心。在中高跟鞋上,如果使用铁质钩心,则容易造成鞋底跷度变形,穿着不舒服、不稳固。一般在钩心的两端都各有一个孔眼,用来固定钩心的钉眼位。

钩心的规格常用大、中、小号来表示,号数不同长度也不同。鞋类钩心的种类与基本形态如图 5—5 所示。

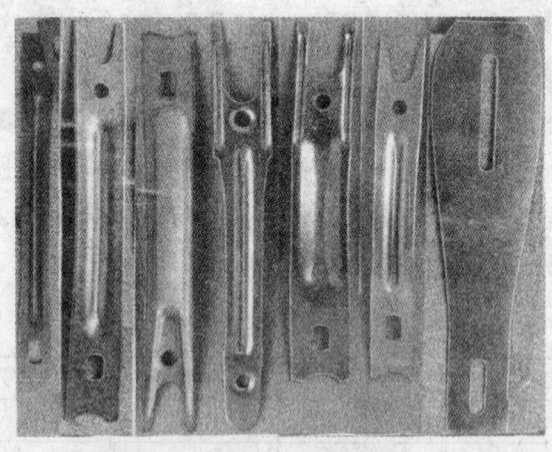

图 5—5　鞋类钩心的种类与基本形态

使用钩心时,除了选择适当的规格外,还应当注意钩心的使用位置及钩心的跷度。一般将钩心放置在内底分踵线上,前端距第五跖趾部位宽度线在 5~7 mm 范围,后端距底后跟端点 25 mm 左右。钩心位置太靠前,容易磨破外底;太靠后时又起不到托住脚心的作用。钩心的跷度应当和楦底跷度一致，在钩心压形时应压出跷度来，跷度不合适时可用榔头砸一砸，直到合适为止。

3. 加固鞋底的金属件

为了防止鞋底过早地被磨损，或磨损后做一些补救，常用一些金属部件加固鞋底，如前掌铁、后跟铁、钢圈等。

（1）前掌铁

前掌铁是使用在外底尖部位的金属部件，能提高鞋底的耐磨性能。前掌铁是用2.5～3.5 mm厚的钢板冲压制成的。成型的前掌铁应具有一定的跷度，和鞋底前尖跷度相配合。前掌铁的边弧应与鞋底前头式样相符。前掌铁上要钻下钉孔，钉孔有一定凹度，以便钉子钉下后不露钉帽，延长使用寿命。前掌铁也有用铸铁浇铸而成的。

（2）后跟铁

后跟铁是使用在鞋跟面上的金属部件，同样可提高鞋跟的耐磨性能。后跟铁的形状有多种，常见的有半月形、马蹄形、三角形、橘瓣形。后跟铁也叫做铁云，一般是一次浇铸成型。有的铁云上留有钉孔，便于用鞋钉钉合，也有的铁云上铸有钉尖，可直接钉合。为了使鞋跟面平整，无论使用哪种后跟铁均应嵌于鞋跟平面内，并使其边沿弧度与成品鞋跟边沿弧度相符。

（3）钢圈

钢圈的作用和后跟铁相同，其形状如同马蹄形，并且有一定的高度。钢圈由低碳钢的薄钢板冲压而成，使用时直接砸入皮掌面内。

4. 鞋底功能性金属件

（1）劳保鞋前掌铁板是为了防扎，一般装在大底和内底之间，厚度为1～1.5 mm。

（2）踢踏舞鞋在鞋底全长1/5前掌部位及鞋跟面加金属板，达到产生声音的作用。

5. 鞋帮面装配的金属件

在装配鞋帮时，也常用一些金属部件，起到连接、加固、防护及美化等作用。常见的部件有鞋眼圈、鞋钎、铆钉、四合扣、拉链、装饰件等。鞋类五金件如图5—6所示。

（1）鞋眼圈

鞋眼圈是装配在鞋眼孔上的金属件，有保护鞋眼不被拉豁、拉变形的作用。鞋眼圈有套眼圈和钩眼圈两种。套眼圈形状为圆筒形，圆孔的直径是鞋眼的主要尺

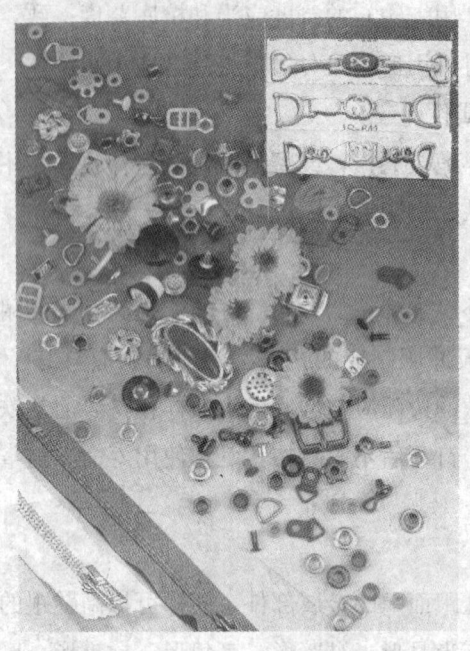

图 5—6　鞋类五金件

寸。一般生产矮勒鞋时，小口内径尺寸多为 3.5 mm±0.2 mm；生产棉鞋、劳保鞋时，小口内径多为 4.5 mm±0.2 mm；生产靴类产品时，小口内径多为 5 mm±0.2 mm。眼圈的高度为 5～7 mm。使用时鞋帮厚度不要超过眼圈高度的 1/2，以免安装不牢而脱落。钩眼圈与套眼圈作用相同，只是在套眼圈的基础上鞋眼圈盖形成钩状，使得系鞋带时只需左右勾连，而不用穿入鞋眼内。装配时，鞋眼圈角插入帮部件鞋眼内，利用分花钺子把眼圈角破开，轻轻砸平，眼圈盖与眼圈角便夹紧鞋帮，固定在鞋眼上。

制造鞋眼圈的材料多为铝板和铜板，有本色和喷漆的不同效果。鞋眼圈的硬度要适宜，以保证鞋眼角卷曲后较平整，防止裂痕割伤鞋带。

（2）铆钉

铆钉是用薄铝板或铜板经机械挤压而成的。两件为一套，一件是凸形的叫做铆盖，另一件是凹形的叫做铆心。铆钉多用于加固前后帮的接头处，使之不致在加工和穿用过程中，造成口门处撕开。铆钉的大小要根据产品材料的厚薄来选择。装配铆钉时，首先在前后帮的缝合线中间或缝合线的一侧打孔，铆心自底面穿入，铆盖再覆盖其上，用专用工具钉合后，铆盖的下角在铆心里膨胀，便可牢固地结合起来。

（3）四合扣

四合扣常用于帮部件的连接，有一定的开闭功能和装饰美化效果。四合扣的作用类似于子母扣,但它由四个单独部件组成。上部件相当于母扣,由扣盖和扣心组成,与帮部件结合时起到类似于铆钉的作用;下部件相当于子扣,由扣托和扣碗组成,与帮部件结合时也起到类似于铆钉的作用。当扣碗嵌入扣心内时,便可把上下两部件连接起来。四合扣是由铜质或钢质薄板挤压而制成的。装配四合扣时需要专门的工具来完成。

(4) 鞋钎

鞋钎也是一种起连接作用的金属件,由于钎子的造型美观多样,也起到装饰美化的作用。鞋钎有带钎针和不带钎针两种类型,制鞋中多用带钎针的鞋钎,装配在各种钎带鞋上。

鞋钎是由铝质、钢质、铜质的薄板冲压而成的。可以使用本色鞋钎,也可以表面镀锌、铬、镍、铜、银等,使其表面光亮生辉,提高鞋的美观度。鞋钎的外形有长方形、圆形、椭圆形、三角形等多种变化,鞋钎的中间梁柱上装有钎针,使用时钎针穿入鞋带针孔内起着紧固的作用。在设计钎带鞋时,鞋钎的规格以外形尺寸来计算,鞋带的宽度则以钎子内孔径来计算。因此在设计时,应先选择好鞋钎,再在鞋钎孔径基础上减去 2 mm 厚度量订出鞋带设计宽度。鞋钎表面应当光亮美观,不允许有污角、生锈等质量问题。钎针长度要适宜,扣环上不得有裂口。鞋钎(鞋扣)如图 5—7 所示。

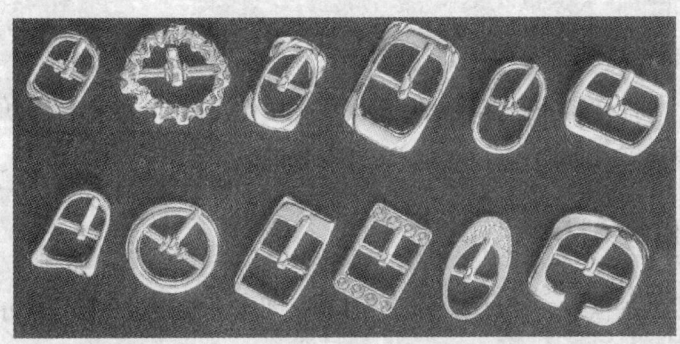

图 5—7 鞋钎(鞋扣)

(5) 拉链

拉链起着帮部件间的连接作用,有金属拉链和尼龙拉链的区别。金属拉链大多由铝质、铜质材料制成。拉链是靠链齿的咬合作用来达到连接的,拉链的链头骑在链齿上,起到紧固链齿的作用。链头松的时候,链齿便会咬合不紧,易被撑开。在拉链齿上打蜡,可以起到润滑的作用。拉链的两端分别用卡子卡住,防止链头脱落。

(6) 金属装饰件

在鞋帮的装配中,还用到一些金属件,起到装饰美化的作用。此类产品的规格、尺寸、花色、式样都很多。较长的金属件长度可达 70 mm,最短的却只有 2~3 mm。有的金属件是用铝板冲压再进行电镀制成的,也有用铜板冲压后再镏金描漆的金属件;有的金属件是用皮条穿连来固定的,还有的则利用金属件下角直接穿入面革内折回来固定。金属件大多使用在前帮口门正中前方或外环一侧作为装饰。鞋用装饰件式样如图 5—8 所示。

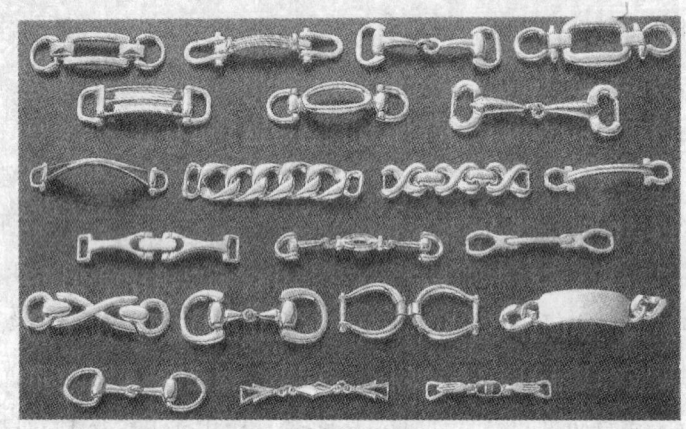

图 5—8　鞋用装饰件式样

目前,有些高档女鞋也使用金属装饰件来防护鞋尖和鞋跟等部位,防止磕碰、磨损。这时金属部件是在底部装配时使用,金属件折回部分相当于帮角底口。使用这种金属件要注意其外形与鞋楦、鞋跟外形相似。

二、鞋用修饰材料

皮鞋在生产过程中,经过一系列的加工和操作,很难避免鞋表面的光泽和颜色不受一点损害。为了恢复和保证鞋的整洁、美观,需要进行一定程度的修饰,这些专用来修饰鞋帮、鞋底的材料,统称为鞋用修饰材料。

1. 鞋帮的修饰材料

在成品鞋的后期整理过程中,鞋帮面要经过修补轻度伤残、喷涂光亮剂、保护革面等修饰过程。常用的修饰材料有颜料膏、酪素光亮剂、虫胶光亮剂、硝化纤维光亮剂、丙烯酸树脂光亮剂、聚氨酯光亮剂以及鞋油、保革油、鞋粉等材料。

(1) 颜料膏

颜料膏也叫色膏,是具有各种颜色的膏状体。在修补鞋面轻度伤残时要用到颜料膏,一般是用细砂纸轻轻打磨伤残表层,然后再涂抹与面革颜色相同的色膏,达到鞋面颜色均匀一致。颜料膏的主要成分是颜料、酪素、硫酸化蓖麻油、苯酚、氨水和水。颜料膏使用时自行调配。也可用揩光浆代替,但色膏比揩光浆浓度大,含较多的颜料,故遮盖力强。

(2) 光亮剂

光亮剂是能使皮革表面产生光亮的化学材料。在制鞋生产的后期,成品鞋经过整饰后一般要喷涂一层光亮剂,以恢复皮革本身的光泽,使鞋面革颜色鲜艳,并能形成一层保护层,使皮鞋易于保养,还能修补正面革上的一些缺陷,提高成品鞋的等级。常用的光亮剂有酪素光亮剂、虫胶光亮剂、硝化纤维光亮剂、丙烯酸树脂光亮剂和聚氨酯光亮剂等。大多数光亮剂配制时不加染料,以便适用于各种颜色的面革材料,少数光亮剂配制时加入染料,便于喷涂各种花纹或适用于某种颜色的面革。

1) 酪素光亮剂。酪素也叫做干酪素、乳酪素、奶酪素,主要来源于脱脂牛乳。酪素易溶于碱性溶液,不溶于水,但吸水后膨胀。以酪素为主体配制的光亮剂叫做酪素光亮剂,酪素在光亮剂中作为成膜物质。酪素光亮剂形成的薄膜与皮革的结合力强,经摩擦不易脱落,在高温作用下稳定、不易燃、无毒,还具有一定的透气性和透水汽性。但酪素光亮剂所形成的薄膜较硬较脆,延伸性较小,抗水性较弱,为此在配制时常加入增塑剂,以提高薄膜的弹性,还要加入甲醛溶液增强其耐水性。喷涂酪素光亮剂的皮鞋,在涂擦鞋油时并不脱落,保证了鞋面革的外观质量。

2) 虫胶光亮剂。虫胶也叫做漆片,是一种昆虫分泌的胶汁所凝成的物质,呈淡黄色,能溶于氨水和酒精中,熔点为 75～78℃,是虫胶光亮剂中的成膜物质。虫胶光亮剂有一定的防水性。为了增加薄膜的弹性和韧性,要加入适当的增塑软化剂。虫胶光亮剂配方见表 5—3。

表 5—3　　　　　　　　　　虫胶光亮剂配方

材料名称	配方比例	份
虫胶		100
酒精		549
邻苯二甲酸二丁酯		20

3) 硝化纤维光亮剂。硝化纤维即硝酸纤维,是由纤维素经硝酸与硫酸混合物酯化而成,一般称为硝化棉或火棉。硝化纤维外观为白色纤维状物,形似普通棉花,在紫外线下会渐渐变色分解。其相对密度约 1.60,在水中不膨胀也不溶解,

但能溶于酮或酯类有机溶剂。

硝化纤维是光亮剂的成膜物质，成膜后光亮性好，使面革色泽更加鲜艳。光亮层耐酸碱、耐油、耐水，有一定的弹性，但不耐老化，不适宜喷涂白色革。喷涂时涂层不宜过厚，否则易龟裂脱落。硝化纤维光亮剂配方见表5—4。

表5—4　　　　　　　　　硝化纤维光亮剂配方

材料名称	规格	份数	材料名称	规格	份数
硝化棉	含N11.5%～12.2%	32	邻苯二甲酸二辛酯	工业用	22
醋酸辛酯	工业用	27	尼那尔表面活性剂	工业用	0.075
醋酸正丁酯	工业用	59	平平加OS—15	工业用	1.8
正丁酯	工业用	13	OP—10磷酸酯	工业用	1.05
癸二酸二辛酯	工业用	13	蒸馏水	工业用	126

4）丙烯酸树脂光亮剂。丙烯酸树脂光亮剂是由多种丙烯酸酯单体经乳液共聚而成的白色乳状液，也称为聚丙烯酸酯乳液。丙烯酸树脂的涂饰特点是粒子细，黏着力强，具有良好的成膜性，涂层耐光、耐老化，其耐干擦、湿擦的性能优于酪素光亮剂，透气性和透水汽性则优于硝化纤维光亮剂与聚氨酯光亮剂。丙烯酸酯通式为 $CH_2=CH-COOR$。丙烯酸酯单体在聚合时，双键被打开，形成链状高分子聚合物。丙烯酸酯聚合物通式为：

$$\left[CH_2-\underset{\underset{COOR}{|}}{CH} \right]_n$$

由于丙烯酸树脂一般是链状线型分子结构，所以对温度极为敏感，高温发黏，低温发脆，经不起冬季、夏季的气候变化，出现冷脆热黏的现象，同时，也不耐有机溶剂。为了改变这些缺点，采用丙烯酸与其他类别的单体共聚，可以得到有不同良好特性的共聚物，这些共聚物叫做改性丙烯酸树脂。

由于丙烯酸树脂具有良好的性能，无论是在国内还是国外，在制革涂饰中已被普遍广泛使用。同时它在制鞋工业后期整理中，也是常用的光亮剂。

5）聚氨酯光亮剂。聚氨酯光亮剂是较新型的涂饰材料，聚氨酯是光亮剂的成膜物质。聚氨酯是聚氨基甲酸酯的简称，是由二元或多元异氰酸酯与二元或多元羟基化合物作用而成的高分子化合物的总称，主链上含有许多重复的氨基甲酸基团。聚氨酯光亮剂可以代替酪素、丙烯酸树脂光亮剂，并能显著提高成膜的耐干、湿擦性能。聚氨酯光亮剂黏着力强，具有防水性，使革面光滑细致、柔软和具有弹性。涂层干燥快、耐寒、耐折，物理性能良好。缺点是耐光性差，日久变黄，在弱碱性溶液中稳定。

(3) 皮鞋油

皮鞋油是皮革的保护剂和上光剂，它的功能是防水护革，保护皮革表面防止水分侵蚀皮革，使皮鞋经久耐穿，同时增加皮革表面的光泽。将皮鞋油涂在皮鞋表面上时，溶剂挥发，遗留薄膜层，经打磨后产生光泽。

皮鞋油是由各种蜡按适当配方溶化后，加入适量的挥发性溶剂（主要是松节油）和油溶性染料，趁热浇灌在容器中，待其自然冷却后而成。所加入的染料不同，得到鞋油的颜色也不同。

皮鞋油目前有三种类型，一种是乳液型，主要由蜡、油和水组成，掺入染料后有着较好的着色性能；第二种是油膏型，主要由蜡和油组成，这种鞋油的防水作用更好，光泽性也好；第三种鞋油是液体鞋油，主要由乳化蜡和水以及树脂组成，使用时不需要擦拭，只要涂均匀即可形成光亮的薄膜，很符合现代快节奏生活的要求，这种鞋油常制成专用鞋油，分别适用于漆革、苯胺革、绒面革、浅色革等，但对于真粒面革来说保养效果并不太好。

(4) 保革油

保革油是一种不干性皮革保护剂。它的性质与普通鞋油不同，它能渗入到皮革内部，使皮革柔软滋润，不易脆裂，不受水分侵蚀。保革油不能使皮革光亮。保革油多用于反面革、绒面革、油鞣革等以及劳保鞋上，适用于绒面革的修饰，保持皮革柔软。

2. 鞋底的修饰材料

在鞋底部件的制备过程中及成品鞋的后期整理中，也要用到一些修饰材料对鞋底部件进行喷涂，增加鞋底的平整、光亮，使鞋底颜色均匀一致。常用的鞋底修饰材料主要有染色水、蜡、蜡制品、硝基漆等。

(1) 染色水

染色水是皮革的染色剂，能够对鞋底面、鞋底边起染色的作用。染色水中也含有形成光泽薄膜的干酪素，以及能增加薄膜防水性能的蒙旦蜡等。染色水中还需要加入染料，以便和鞋面颜色相衬托。染色水主要有黑色和红色。

1) 黑染色水。黑染色水也叫黑蜡水，主要用于涂饰底、跟、底边、跟边，使它们与面革有相同的色泽，并有一定的防水性。

2) 红染色水。红染色水也叫做红蜡水，也是皮革的染色剂。皮鞋的底边、跟边经过砂光后，用红染色水着色，然后再进行烫蜡。红蜡水的熬制方法是用红粉和水通过加热溶化，再加入少量黑染色水，继续加热后，再加入醋酸或白酒，随即停止加热，待其自然冷却后即成红蜡水。红染色水色泽的深浅可用黑蜡水和红粉来调剂。

主要成分：红土粉　　　　10 份

　　　　　水　　　　　　　20 份

　　　　　高粱酒　　　　　3～4 份

（2）石花浆

石花浆是从石花菜中提取的一种植物胶。石花菜是一种海藻，紫红色，扁平形状，多分枝，分枝排列成羽状。制作时将石花菜用清水洗净泡胀，然后倒入锅内，按比例加清水煎煮 1 小时左右，去渣后留下的液体即可使用。

石花浆用于涂刷经过磨砂的底面、跟面，使其表面光滑。

主要成分：石花菜　　　　1 份

　　　　　水　　　　　　　10 份

（3）白芨浆

白芨是多年生的草本植物，有白色的地下块茎，可以提取白芨粉。生产白芨浆时将白芨粉与水倒入锅内煎煮 1 小时左右，变成糊状即可使用。也可在煎煮过程中加入揩光浆，变成有色的涂饰剂，能使外底面光滑一致，颜色协调。

白芨浆主要用在经磨砂过的底面、跟面上，使其变得光滑。

主要成分：白芨粉　　　　1 份

　　　　　水　　　　　　　10 份

（4）蜡

蜡是存在于自然界动植物体内的一种蜡状物质，它的主要成分是由高级饱和脂肪酸和高级一元醇所组成的酯，此外还有游离的高级羧酸和醇。习惯上把熔点在人体温与水的沸点之间呈蜡状的物质统称为蜡。有些蜡并不是酯类，例如，石蜡是高级烷烃，高聚乙二醇也叫做合成蜡等。

蜡在鞋的修饰中起到增强光泽、改善手感、减少树脂发黏程度、弥补鞋面鞋底不光泽的缺陷等作用，是皮革皮鞋涂饰中不可缺少的材料。蜡可分为天然蜡和合成蜡两大类别，天然蜡又分为动物蜡、植物蜡、矿物蜡三种。

1）植物蜡。植物蜡主要有巴西蜡。巴西蜡是由巴西棕榈树叶上的分泌物制得的，主要成分是由蜂醇和蜡酸组成的酯类，分子式为：$C_{25}H_{51}COOC_{30}H_{61}$，相对密度 0.990～0.999，熔点 83～86℃，皂化值 77～84。

2）动物蜡。动物蜡主要有白蜡和蜂蜡。白蜡也叫中国蜡，是女贞树或白蜡树上寄生的白蜡虫所分泌的物质。白蜡质地柔软，颜色白，光泽性好，其中以四川白蜡（也叫做川白蜡）质量最好，川白蜡经皂化后制备成硬蜡。蜂蜡是蜜蜂的分泌物，也叫做黄蜡。黄蜡熔点较低，熔点为63～65℃，硬度不及巴西蜡和白蜡，但光泽性较好，常与其他硬质蜡混合使用，易于被表面活性剂乳化。

3）矿物蜡。矿物蜡主要有石蜡和蒙旦蜡。石蜡也叫做矿蜡，是从石油中提炼出的产品，外观为白色或黄色半透明体；石蜡的主要成分是碳原子19～36的正构直链烃及少量支链烃，熔点为48～58℃，能溶于苯、醚等有机溶剂。蒙旦蜡也叫做褐煤蜡、地蜡、炭蜡，是用苯浸提褐煤而制成的产品，外观是棕黑色或黑色的固体，性脆，硬度接近巴西蜡，熔点为76～86℃，皂化值60～70；它主要含有石树脂15%～28%，蜡50%～60%，沥青20%～30%；蒙旦蜡有较好的溶解色素的性能和吸油性，适于制备深色或黑色涂饰剂；蒙旦蜡也是制取S蜡、OP蜡、O蜡的原料。

4）合成蜡。合成蜡是指经过人工合成方法制备的蜡。最初的合成蜡是由褐煤制备的，如S蜡是褐煤经氧化而制成的，O蜡是由S蜡用乙二醇酯化而制成的，OH蜡是由S蜡用丁二醇酯化而制成的。合成蜡中OP蜡的特点是熔点高，熔点为102～106℃，光泽性好，硬度较大，颜色为乳白色，相对密度为1.03～1.04，皂化值为111～1 333。

目前制造合成蜡除了采用褐煤外，还用高级脂肪酸为原料经酯化等方法制成。

蜡不溶于水，但可被皂片、三乙醇胺和一些表面活性剂所乳化，乳化蜡在皮革涂饰中被广泛应用。

(5) 蜡饼

蜡饼是由各种蜡质材料制成的小圆饼，用于鞋底、鞋跟烫蜡，增加光亮性能和防水性能。制蜡饼的材料必须具有一定的渗透能力（如石蜡），还应具有黏附能力，在皮革表面形成薄膜层（如黄蜡），此外根据需要还可加入染料。常用的蜡饼有白蜡饼、黑蜡饼、紫蜡饼三种。烫蜡一般使用白蜡饼，整饰使用带色蜡饼。

蜡饼主要成分：石蜡　　　　70份
　　　　　　　硬蜡　　　　14份
　　　　　　　川白蜡　　　10份
　　　　　　　黄蜡　　　　2～4份

配制黑蜡饼时还要加入石油沥青2份，油溶黑2份。

配制蜡饼时将各种蜡料加温至200℃左右，使其处在熔融状态，然后让蜡液降温至80～100℃，再将染料以及防霉剂等加入进行搅拌，最后倒入模坯内即成蜡饼。

(6) 松香蜡

松香蜡主要用于麻线过蜡。经过蜡的麻线既能防潮，又能防腐蚀。麻纤维经过蜡后，相互之间黏合在一起，提高了麻线的强度。

主要成分：松香　　　　　　90份
　　　　　石蜡　　　　　　10份

制备时把松香和石蜡按比例放入锅内煎熬，经搅拌均匀后倒入冷水中冷却，然后取出松香蜡，随即两手对拉，拉之前手上抹点油，拉成金黄色即可，量越多拉韧性越好。

三、鞋用防霉防蛀材料

鞋类在保管过程中，稍不注意就会出现霉变或虫蛀现象，因此要使用一些防霉剂、防蛀剂，提高鞋的使用寿命。

1. 防霉剂

在防止鞋子生霉之前，应先了解生霉的条件。生霉是由于霉菌的作用，再有一定的养分、温度和湿度共同作用。鞋子本身有蛋白质，含有充足的养分，这是客观存在的；鞋子的温度受到大气环境的影响，也不易改变。因此，防霉措施首先要控制鞋的含水量。有些地区，皮鞋的含水量保持在14%以下，因此很少出现发霉现象；有些地区湿度较大，而制鞋生产过程中又经过回潮，使许多辅料也导致霉变，例如合成内底、107水胶、汽油胶、染色水、帆布、纸盒等也会发霉。因此，控制产品含水量很重要，鞋经回潮加工后，底重新进行干燥，控制产品含水量在15%左右，然后再加入适当的防霉剂。常用防霉剂介绍如下。

（1）对位硝基酚

对位硝基酚也叫做对硝基苯酚，熔点为113.8℃，相对密度1.479；外观为黄色晶体，稍溶于水，溶于乙醇、乙醚、碱溶液、二硫化碳中，对皮肤有刺激作用。对位硝基酚常用于辅料制备中，例如在配制鞋油染色水时，为了防止有机物霉变，就要加入对位硝基酚。

（2）苯酚

苯酚也叫做石炭酸，外观为无色针状或白色结晶体；熔点为40.84℃，相对密度1.07；日光照射下逐渐变成红色；可溶于水、乙醇、冰醋酸、甘油及二硫化碳中；稀溶液有甜味，浓溶液有强烈刺激性臭味，腐蚀性强，有毒，对皮肤有强烈灼伤作用。在生产辅料时常用到苯酚，例如在生产酪素光亮剂时，为了防止酪素腐烂，要加入适当苯酚作防霉剂。

（3）环氧乙烷

环氧乙烷也叫做氧化乙烯、恶烷，常温时为无色气体，沸点为10.4℃，具有乙醚或氯仿气味，溶于水、乙醇和乙醚；环氧乙烷性质非常活泼，能与许多化合物起加成反应；有毒，大量吸入会引起中毒，危及生命；具有很强的灭菌消毒能力。使用环氧乙烷时采用气相灭菌法，可使包装内的皮鞋在相当长的时间内不会发生霉变，适用于远洋外销鞋的防霉。

2. 防蛀剂

鞋子在保管期间也容易被虫蛀和其他微生物侵蚀，对于毛皮、毛织物、毛纤维等材料制成的鞋子更是如此。因此在保管期常在鞋内放入卫生球、樟脑块等防蛀剂。

（1）卫生球

卫生球是由精萘制成的球状产品，外观为白色，常温下可升华，具有强烈的特殊性气味。精萘是由煤焦油中提炼出的有机化合物，也叫做洋樟脑、煤焦油脑。其蒸气具有麻醉性，也极易燃烧，虽有杀菌驱虫作用，但对人体有害。现在国家已不允许用精萘生产卫生球，但它在制造染料、树脂、香料、医药品等方面还在发挥作用。

（2）樟脑丸

樟脑丸是由樟脑制成的球状或块状产品。樟脑是从樟树的叶子中提取的有机化合物，外观为无色透明的固体，味道苦，有清凉的香味，容易挥发，以此来作为防虫蛀的材料，代替精萘球。

四、鞋用包装材料

成品鞋的包装不仅可以保持产品的完整和清洁，而且还便于运输和保管，进而借助包装宣传产品的特点，提高产品知名度。常用的包装材料有各种纸类、塑料等，根据不同的产品，采用不同的包装形式。

1. 内包装

内包装是指对每双鞋进行的包装，常用的材料有以下几种。

（1）透明塑料袋

鞋装入透明塑料袋后将袋口封住，可保持鞋的光洁，顾客挑选时也不会弄脏产品，产品特点一目了然。袋面上应印有商标、说明、型号、厂家等标志。

（2）成型塑料盒

成型塑料盒具有鞋的外形轮廓，透明度高。将鞋封入盒内增强产品外观诱惑力，适于作为各种礼品鞋盒。

(3) 纸类、塑料类、织物类提兜

用纸类、塑料、织物制成的提兜,不仅可以装鞋,而且提兜侧面经过精美印刷,变成了活动的广告、宣传产品的铭牌。

(4) 鞋盒

一般鞋盒是单双鞋装,也可以特制成情侣鞋盒,装入男女鞋各一双。鞋盒可以用纸板糊制而成,也可以用厚纸折叠而成。鞋盒根据不同包装要求,可以制成白鞋盒、素色鞋盒、花鞋盒。鞋盒上应印有鞋号、型号、颜色、生产单位、产品名称、质量等级及商标等。鞋盒大小要适当,长度以能装入大号鞋后略有余量为准,宽度和高度按鞋的品种而定。装鞋时应将鞋两头对装。

(5) 鞋内支撑材料

为了防止鞋在运输保管过程中受到挤压变形,一般在鞋内装有支撑物。

1) 最简单的支撑物品是软纸,将软纸填入鞋头内起支撑作用。

2) 气包式鞋撑子。也是防止鞋头和前帮变形的物品,用塑料制成,里面封有空气。

3) 瓦顶式鞋撑子。用泡沫塑料制成瓦形支撑件,也起到支撑前帮不变形的作用。

4) 支撑式鞋撑子。可以防止鞋头及鞋跟部位变形,在前面两个支撑部件间有一横梁连接,鞋子长短有变化时,横梁可适当弯曲,它对于女浅口式鞋很适用。

(6) 鞋盒内衬垫材料

对于较高级的鞋来说,不能直接将鞋装入鞋盒内,盒内应有衬垫物品。可以用绵纸、丝绒、发泡聚苯乙烯等垫在鞋子周围,防止鞋子蹭磨。对于鞋钎子等金属扣件,也应用绵纸包裹,两只鞋之间也应用衬垫物隔开。

2. 外包装

外包装是指对若干内包装产品集中装在一个大的包装箱内,外包装也叫大包装。外包装的主要目的是便于运输,可以根据不同合同要求制备包装箱。

制备包装的材料主要是瓦楞纸箱及少量木箱等。瓦楞纸箱是由瓦楞纸板加工而成的,纸板中心呈空心结构,增加了瓦楞纸板的机械强度。在出口产品包装中,也有用多层进口牛皮纸制成的瓦楞箱,适于长途运输。

第六章
鞋类造型设计相关美术知识

第一节 基础素描

一、素描的含义和作用

1. 素描的含义

素描的含义有两层：一是指人们用单色塑造形体，培养造型能力、艺术思维及感觉的一门技能；二是指具有独立艺术欣赏价值的艺术门类。在通常情况下，素描是指为了培养人们造型能力而使用铅笔或炭笔画的单色绘画。

2. 素描的作用

在造型艺术领域，素描被认为是一切造型艺术的基础。鞋类效果图作为造型艺术的一种，其设计同样要通过构思与素描来实现造型图像。

二、素描的观察和表现方法

1. 素描的观察方法

素描无论是写生还是临摹，都离不开对对象的观察，素描过程是一个边观察、边画的过程。素描观察方法主要有以下两点。

（1）整体观察

整体观察是指把物体局部放到整体中去观察，而不是只盯着整体中的某一个局部来画。尤其鞋靴产品上的弧线，在造型上发挥着巨大作用，无论弧线的弧度大小,还是弧线长短,都可以使鞋靴的形态感觉发生变化。例如,鞋靴头部的弧度大小、前脸弧线长短、弧度变化都能造成人们对鞋靴形态感觉上的不同变化。

(2) 把握物体特征

物体特征有总体特征和局部特征。特征是物体形态的一种特有呈现,它包括大小、厚薄、长短、粗细、明暗、轻重、方圆、动静、强弱等。

2. 素描表现方法与步骤

素描表现方法或者说表现形式主要有两种:一种是线条表现,另一种是明暗调子表现。线条表现多用于研究和把握物象的形体结构,即结构素描(见图6—1);明暗调子表现是在对物象形体结构理解和把握的基础上,用不同明暗的黑、白、灰调子去对物象的体积感、质感和空间感进行深入而真实的把握,即光影素描(调子素描)(见图6—2)。

图6—1 结构素描

素描表现一般步骤如下:

(1) 观察、分析、比较

素描首先要认真观察、分析、比较,涉及的内容有形体特征、比例、明暗、透视、虚实等。

(2) 画轮廓、构图

在观察、分析、比较的基础上开始画轮廓及构图。

素描构图有两个基本原则:一是在画面上不能太偏;二是要多样统一。

画轮廓宜用HB型或B型等较硬的铅笔,同时用笔要轻,这样画出的轮廓线比较轻淡,如果出了问题也容易修改。

画轮廓先从物体大的外围轮廓画起,先画大的特征、比例关系、方向关系(见

图 6—2 光影素描（调子素描）

图 6—3），然后再逐步画小的形体。

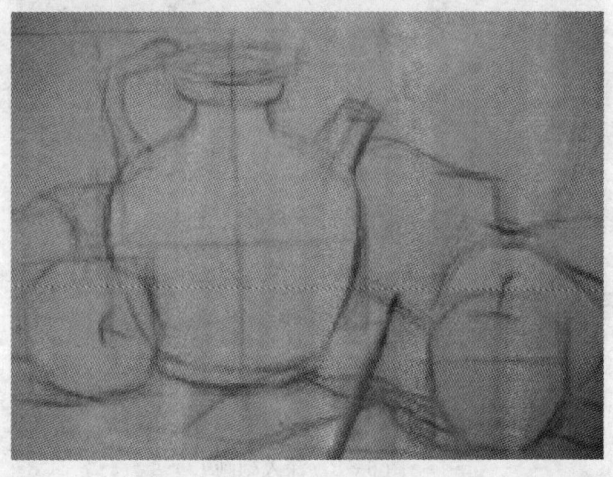

图 6—3 外围轮廓

（3）从对象最大结构处依次向较小结构处开始画明暗调子（见图 6—4）

画明暗调子之前，最好再把对象的明暗调子层次认真分析、比较一下，找出最暗、次暗和最亮、次亮，以及几个大的灰色区域的差别，这样不容易把明暗关系画乱。

（4）深入刻画

一般说来，素描深入刻画阶段仍应该从对象大的结构处开始着手，然后逐渐向小的结构处推进（见图 6—5），这样做可使画面始终保持较好的整体感。

（5）调整完成

图6—4 明暗调子

图6—5 深入刻画

素描画到接近完成时，进入到调整完成阶段。

无论是画轮廓，还是画明暗，形体结构都有可能出现不准的问题，这就需要找出原因，并进行调整。所画对象的形体结构不准的原因一般有两种：一是对所画对象的比例掌握不好，包括总体与局部，局部与局部之间的比例；二是对对象形体的轮廓线和结构线的弧度、斜度、透视没有把握准。

总之，素描是一切造型艺术的基础，在鞋类设计过程中被广泛地应用。

第二节 图案知识

一、图案概念与分类

1. 图案概念

《辞海》中对"图案"的解释为:"广义指对某种器物的造型结构、色彩、纹饰进行工艺处理而事先设计的施工方案,制成图样,通称图案。有的器物(如某些木器家具等)除了造型结构,别无装饰纹样,亦属图案范畴(或称立体图案)。狭义则指器物上的装饰纹样和色彩而言。"

图案与人们生活密不可分,图案是艺术性和实用性相结合的艺术形式,生活中具有装饰意味的花纹或者图形我们可以称之为图案。图案是实用和装饰相结合的一种造型样式,它来源于生活与自然,有的图案直接取自于生活与自然,有的图案是对生活与自然中的形象进行概括、整理、归纳和加工变化后取得,使其更美和更适合应用于某种产品中。了解和掌握图案基础知识与设计变化技能,不仅可以提高人们对美的图案的欣赏能力,而且还能在实际应用中创造出美的形式。

2. 图案分类

(1) 图案按其形象辨识性可分为具象图案、半具象图案和抽象图案等。

(2) 图案按其素材可分为花卉图案、风景图案、人物图案、动物图案、几何图案等。

(3) 图案按其工艺实现方式分为印刷图案、刺绣图案、蜡染图案、染织图案、提花图案、镂空图案、缝埂图案等。

(4) 图案按其组织方式分为单独图案、连续图案、适合图案等。其中连续图案又分为二方连续图案和四方连续图案两种。

(5) 图案按其国别或民族分为中国图案、印度图案、波斯图案、希腊图案、阿拉伯图案、汉族图案、苗族图案、藏族图案等。

(6) 图案按其时代或风格特征分为传统图案(包括各个历史时期和各个民族的传统图案)、洛可可图案、巴洛克图案等。

通过对图案分类的了解,可以使人们认识和掌握这些图案的特征和作用,从而有助于人们对图案的学习和创新。

二、图案素材收集（写生）

自然与生活是艺术创作与设计的源泉，图案也是如此。目前，写生是图案素材收集的主要途径，只有不断地从自然和生活中吸取养料，才能使图案设计保持长久的生命力和强大的创新力。

1. 写生形式

从写生表现形式上看，有慢写生和快速写生两种形式。

慢写生即素描写生，慢写生又分为线描慢写生和调子慢写生两种，一般情况下，写生者多采用线描慢写生形式（见图6—6）。无论哪一种慢写生形式，都要将写生对象的造型特点和结构关系准确表现出来。

图6—6　线描慢写生

快速写生也叫速写，是指写生者以较快的速度将对象表现出来（见图6—7）。快速写生前首先要把握对象整体造型特征、结构造型特点、局部造型特征及各部位的比例关系。

2. 写生一般方法与要领

（1）观察与分析

写生首先要对对象进行全面认真的观察和分析，通过观察发现写生对象造型特征、比例关系及美的形式。

（2）构图

构图是将所画形象在一定的空间中进行适于主题表现或美的形式构成上的布置与安排。构图是写生落笔时第一个要考虑和解决的问题，是将景物形象变为艺术形

图 6—7 快速写生

象过程中的重要环节。

写生构图应遵循和体现多样与统一这一形式美构成总法则，这种法则表现为写生者对对象的大小、多少、疏密在画纸上变化与统一的合理把握。

（3）整体与局部

整体与局部关系是写生过程当中要把握好的一个重要的形式美法则。在写生中，对象的整体性表现在其总体面貌及其大的特征上，局部性表现在组成整体的个别组织或部位上。因此，对对象的局部进行深入细致的刻画，做到既有整体性，又有局部的精彩性，这样才能取得较好的写生效果。

（4）取与舍

面对繁杂对象写生时，一般都需要对其内容进行取舍，没有取舍的写生就没有主次，就容易杂乱无章。

三、图案形式美构成法则

美的形式有其共同构成规律及法则，图案形式美构成也是如此。以下是图案美构成的常见构成法则。

1. 变化与统一形式构成法则

变化与统一也叫多样与统一，它是一切事物和美的构成形式的总规律和总法则。世界是变化的也是统一的，因此，变化与统一也是图案形式美构成的总法则。大自然中的许多景物，虽然形态各异、千变万化，但又统一在一种秩序和条理中。

2. 对称形式构成法则

对称形式在自然界和人类生活中处处存在。例如，人体、动物、植物等都是对称有规律地构成的，许多建筑、交通工具等也都以对称的形式存在。对称形式可以为人带来一种端庄、稳重的美感，但过多的对称重复也会使人感到单调、呆板。在图案设计中运用对称形式构成法则主要是为了使图案产生端庄、稳重的感觉。在图案中对称又分为绝对对称和相对对称两种形式。

（1）绝对对称

绝对对称是指中轴线两边或中心点四周形体或色彩完全相同。绝对对称分左右对称、上下对称、上下左右对称、转换对称和旋转对称等形式。

转换对称与旋转对称是特殊的对称形式，给人以庄重中带有活泼的感觉。

（2）相对对称

相对对称是指在对称的形体或色彩中有少部分形体或色彩呈现出不对称的状况。相对对称既有对称形式的端庄感和稳定感，又可以显出一定的活泼性。

3. **均衡形式构成法则**

均衡也称作平衡。均衡形式构成不受中轴线和中心点的限制，没有对称的形体结构或色彩，均衡追求的是形式或造型上的一种平衡感受。均衡形式构成表现为两边或四周造型元素不同量、不同形但给人以平衡的感觉，体现出形式及造型元素在变化中有稳定的感觉。

采用均衡形式构成法则的图案设计，设计师要掌握好重心，抓住心理感受上的平衡，抓住图案动势、色彩或空间等方面的平衡，设计出生动、优美的图案。

4. **反复形式构成法则**

反复形式构成法则是图案组织构成形式美的一个重要法则，是构成图案秩序美的重要来源。早在原始社会时期，我们的祖先就利用这种构成形式对彩陶进行装饰，今天在纺织、服装、鞋类、日用器皿等图案组织当中运用得更为广泛，由此可以看出图案这种构成形式的应用与美的价值。

二方连续图案（见图6—8）和四方连续图案（见图6—9）都是典型的反复形式构成，图案还可以进行放射、旋转等形式的反复构成。图案反复形式构成不仅可以带来整齐划一的感觉，而且可以给产品图案制作带来方便。

5. **对比形式构成法则**

对比形式构成是指物体形态、色彩和肌理形成一种鲜明的反差对比。对比形式构成可以为人们带来一种强烈的视觉冲击力，有效提高产品造型、艺术作品、图案、色彩或肌理的视觉诱目性。

在图案造型设计中，设计师可以从色彩的黑与白和冷与暖、形体的大与小和方与圆、肌理的滑与糙、构成上的疏与密等方面寻求对比，有对比才能打破平淡、单

图 6—8　二方连续图案

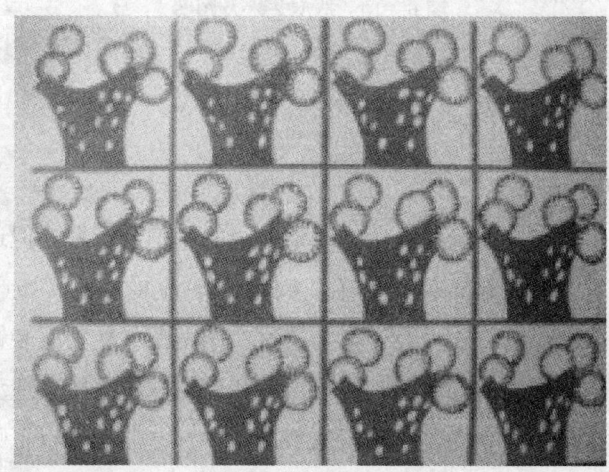

图 6—9　四方连续图案

调，使图案呈现出一种生动性和鲜明性。

图案运用对比形式构成时不可过分强调对比或处处对比，那样容易使图案显得生硬、刺激。

6. 节奏与韵律形式构成法则

有规律的形式元素变化构成了形式的一种节奏与韵律，节奏与韵律本是音乐构成要素，但也可以体现在雕塑、绘画、图案等造型艺术中。在造型艺术中，节奏与韵律虽然不像在音乐中那样给人感觉直接和强烈，但富有节奏和韵律感的造型同样也能使人们产生一种较强烈的美感。

造型艺术及图案中的节奏与韵律感是通过形体、色彩、肌理或图案等造型元素有规律和连续不断地交替出现来表现的（见图6—10）。

图6—10 造型艺术及图案

四、图案造型设计与表现

1. 图案造型设计

从自然中写生收集来的景物虽然经过了一定的归纳和取舍，但还是有较多的自然面貌缺乏图案所特有的装饰性，并不能满足对某种装饰物（如产品、工艺美术品、绘画等）装饰美化的需要。设计师要将这些图案素材变为有装饰性的图案，就必须运用多种图案造型装饰方法对其进行加工和创造。这些图案造型装饰方法既相互联系，又有其自身的独立性，在图案造型设计中，并非运用以上哪一种方法就能够完成，更多的时候需运用多种方法和手段来表现，只是多种方法和手段表现的程度不同而已。下面对图案造型设计方法进行分析和介绍。

（1）提炼

提炼是图案造型设计所必须运用的一种方法，现实景物素材只有经过提炼、概括、去繁变简才能呈现出一种简洁、精美的图案。将复杂的景物形态简化、提炼，绝对不是简单地舍弃，这种简化、提炼的目的是获得一种简洁、单纯而又意味深刻的图形形式，这就要求将景物素材变为图案时，要紧紧抓住素材景物的形态造型特征和形态细节特征进行提炼和概括。

（2）变形

图案创新在很大程度上是对收集来的素材进行变形（见图6—11）。

1) 图案变形原则

图6—11 形象素材变形

图案变形要基于以下几个方面：

①基于图案要表达的意义或作用，许多图案都具有表意功能，因此，图案变形应能更充分和更新颖地阐释这种意义。

②基于图案新颖的装饰美感，对于一些抽象图案，装饰美感是其主要作用，因此，图案变形应竭尽所能地去创造一种别样的装饰美感。

③基于图案材料和工艺要求，图案必须通过某种材料和工艺才能够实现，因此，图案造型及要取得的视觉效果必须是在现有的材料和工艺技术基础上的设计。

2）图案变形方法

图案变形方法主要有以下几种：

①夸张变形。夸张变形是指在尊重原有形体特征的基础上进行夸大或缩小的变形。图案夸张设计方法并非随心所欲，夸张一定要围绕某种特定素材本身的形象特点和新颖的装饰美感去进行，夸张变化的内容则主要是围绕素材的形态、色彩和肌理三个主要构成元素去展开，其中形态又包括点、线、面三个基本构成元素。

②移位变形。移位变形是指将原有的形体、色彩或肌理移到他处，从而创造出一种新颖、怪异、有趣的变形形象，相当于"张冠李戴"。移位变形设计在图案造型设计中应用广泛。

③重叠变形。重叠变形是指所画形象相互叠压所形成的一种变形。重叠有两种情况：一种是透明重叠，另一种是不透明重叠。透明重叠不仅可以创造一种新颖的造型，而且可以创造一种虚幻的空间感。不透明重叠既可以显现出原有的形象特征，同时还可以显现出重叠后所形成的一种新的造型。

④添加变形。添加变形是指在原有形象基础上添加新的形象元素所形成的一种

变形。添加变形一般要求不影响原有的形象特征，并且要对称地去添加。添加的形象分为同类形象和不同类形象两种，添加同类形象为的是获得更富有装饰性的效果；添加不同类形象为的是获得更新颖和更有趣的效果。

⑤减缺变形。减缺变形是指对原有形象进行某种形状的对称剪除。一般情况下，减缺变形同样要求不影响原有形象特征，如果是为了获取非常新颖的图案造型，大幅度减缺变形也是可以的。

⑥组合变形。组合变形是指不同形象的组合带来的一种图案造型变化。图案组合变形虽然是不同形象的组合，但这些不同形象要求有内在联系性。例如，植物图案组合变形应选择不同的植物进行组合。又如，传统图案组合变形应选择同一民族、同一类型的不同纹样的传统图案进行组合。

⑦散点透视变形。透视来自于西方造型艺术概念，是指一种观察方式及视觉现象。透视分为焦点透视和散点透视两种，其中焦点透视又分为成角透视和平行透视两种。焦点透视是指在固定方位上观察物象后所带来的一种近大远小的视觉现象。散点透视是中国传统绘画中采用的一种观察方式，这种透视的特点是多角度、多视点地观察物象，将所画对象的不同角度形象同时表现在一个空间中，由于这种观察和表现不是一种客观视觉现象及表现，因此，用散点透视观察方式设计与画出的图案也是一种变形。

（3）组织

图案造型设计变化除要对图案构成造型元素进行变化和夸张外，还要对这些造型构成元素进行新颖的组织，这种组织的依据是秩序和比例。自然界中的万物形象都是变化有序的，呈现出一种重复、渐变等有规律、有秩序的形式、形象，例如，动物身上的斑纹和禽鸟昆虫翅膀上的花纹，其排列构成与疏密变化是那么自然有序，无不表现出一种规律、秩序的天然组织。因此，进行图案造型设计时，必须通过对图案造型构成元素独具匠心的组织去创造一种新颖的形式。

2. 图案表现

图案造型必须通过一定的视觉元素表现才能呈现出来，这种表现主要是通过点、线、面、色彩及图底关系和肌理来表现。

（1）点、线、面的关系

点、线、面既是图案造型的基本构成元素，也是图案的视觉表现元素，无论是抽象图案还是具象图案，都离不开点、线、面或它们之间组合的表现。点、线、面有各自的特点、属性、作用和表情意象，可形成不同的视觉感受，例如，点具有凝聚视线和平衡的作用，线具有较强的抒情性和变化性。点的概念是相对而言的，如在大的环境或面积中是点,在小的环境或面积中则可能被视为面。另外,多个点按照一个方向排列则可以形成线,点的密集排列还可以形成面。线在几何学上的定义是点移动的轨迹,线有宽窄、粗细的不同,但都以长度为特征,是长度远大于宽度或粗度的形体。面在几何学上的定义是线运动的轨迹。

点、线、面分为规则与不规则和具象与抽象四大类。规则是指形状规范、明确,由规则点、线、面组成的图案显得整齐、严谨、端庄、机械、呆板;不规则点、线、面组成的图案显得活泼、个性、自由、散乱;具象点、线、面是指直接反映现实世界的形态或明确其意义和作用的点状、线状、面状形态,具象点、线、面的直观性使其容易打动人;抽象点、线、面是指在现实世界中找不到参照形象的形态。

(2)色彩表现及图底的关系

色彩是图案造型的重要视觉组成元素之一,因此,设计师要了解常见色彩的表情意象和色彩的视知觉现象,通过色彩的力量来加强图案的美感和生动性。黑色、白色和灰色(中性灰)是图案造型表现中的常用颜色。图案中的黑色、白色和灰色的关系处理要根据不同的对象和美感来决定,以使其符合图案立意和美感要求。在一般情况下,当图案上有黑色、白色和灰色的时候,通常灰色占的面积比较大,并且在明度上要拉开距离,使图案黑白灰色调层次鲜明、悦目(见图6—12)。

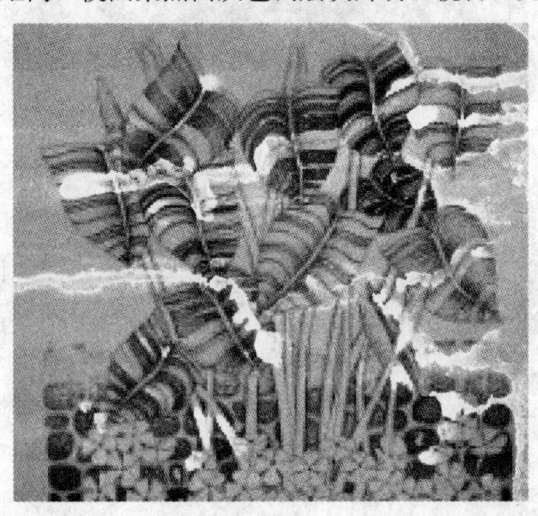

图6—12 黑色、白色和灰色在图案上的表现

图案造型图底关系通常表现为以下几种形式:一是白底黑图,也就是在白色的纸面上描绘黑色的纹样或图形;二是黑底白图,在黑色纸面上描绘白色的纹样或图形;三是图底互换,即图案上既有白底黑图,也有黑底白图。当然,图案中的形态

相互重叠或采用公共轮廓线的时候，图底关系则会出现不明确的情况。

(3) 肌理表现

肌理是指物质表面的一种组织结构式样。人类在长期征服自然的过程当中，逐渐积累出对物质肌理的感受，并逐渐使之成为一种重要的视觉造型元素。肌理分为自然（天然）肌理和人工再造肌理两种，自然肌理可以为人们带来一种经验性的直观感受。例如，动物毛皮肌理可以使人产生一种高贵、温暖感；再造肌理则可以给人带来新颖的视觉感受，增加了产品造型或艺术作品的表现力。肌理在图案造型表现中，不仅可以丰富人们的视觉感受，而且可以丰富图案的色调层次，通常情况下，刻画出的肌理在图案色调中充当一种中明度的灰色调（见图6—13）。

图6—13 肌理表现

无论是自然肌理还是再造肌理，肌理样式都会以点状或线状的形式呈现出来，当然，点状或线状造型样式又可以有无限的变化。图案设计师对肌理的创造首先就是对点状或线状的造型样式的创新，其次是对点状或线状进行组织造型上的创造。

第三节 色彩基础

一、色彩三属性

色彩三属性也叫色彩三要素。色彩三属性指的是任何一种有彩色颜色都必然包括色相、明度和纯度三种属性。对色彩三属性的认识和了解是构筑整个色彩知识体系的重要基础，对认识色彩和应用色彩起着非常重要的作用。色彩三属性在人们应用和研究时虽有各自独立的意义和价值，但从色彩本体看，色彩三属性对每一个色彩来说都是一个不可分割的整体，色彩三属性中任何一个属性发生变化都将改变色彩的其他两个属性。因此，在设计应用色彩时，鞋类设计师要整体考虑色彩三属性的作用和效果。

1. 色彩的色相属性

色彩的色相指的是色彩的一种相貌。色相是色彩的基本属性，也是色彩相互区别的主要依据。用五彩缤纷、色彩单调、白色的靴子和红色的衣服等形容色彩的感受和现象时，多是先说色彩的色相如何。色彩的色相是由光的波长决定的。一个绿色物体是因为这个物体将其他波长的色光都吸收进去，只反射波长为 500～570 nm 的绿色光而形成它的绿色面貌。在众多色相中，人们依据光谱中的六个标准色光将红、橙、黄、绿、蓝、紫六个色相定为基本色相。为了便于认识和应用，色相通常以环状形式表现。常见的有 12 色色相环、24 色色相环、40 色色相环和 100 色色相环。色相因素对儿童、青少年和女性影响明显，因此，鞋类设计师在为这些消费群体进行色彩设计时，要注重对色相属性的考虑和把握。

2. 色彩的明度属性

色彩的明度指的是色彩的明暗程度，也称亮度和深浅度。色彩明度从原理上看是由色光的振幅决定的，某一色彩明亮实质是说该色彩的色光振幅大，相反，则是振幅小。在色彩实际应用中，无彩色系中的白色无疑是明度最高的，黑色是明度最低的。由白色到黑色之间存在不同明度的灰色，依据离白色和黑色的远近，通常将其大致分为高明度灰、中明度灰和低明度灰三种。在有彩色系的六个基本色相中，黄色明度最高，紫色明度最低。在有彩色调整明度时，加入白色，其明度提高，加入黑色，其明度降低。有彩色色彩之间明度变化很大，因此，依据需要，色彩做明度调整时，可以由有彩色色彩之间相互调配来取得。有彩色色彩明度发生变化，其纯度相应减弱。色彩明度变化一般对中年人和老年人的心理与情感影响较大。

3. 色彩的纯度属性

色彩的纯度指的是色彩的饱和度，也叫彩度，含灰度、鲜艳度等。色彩纯度有高低之分，常见的一些基本色相纯度都较高，如红色、橙色、黄色、绿色、蓝色和紫色等，其中红色的纯度是最高的。色彩纯度与明度关系不成正比，高纯度色不一定明度就高，但纯度较高的黄色系列除外，它们纯度较高，明度也较高，如黄色、黄橙色、黄绿色等。

降低色彩纯度的方法通常有两种：

一种是在任何一种较纯的颜色中混入无彩色系中的白色、黑色或灰色。这种方法配出来的颜色色相和色性（冷暖感）较为明确，纯度给人的感觉不是很低，由白色与较纯颜色混合出来的各种颜色构成粉色系列。

另一种是由补色（也就是三原色之间的调配）相混合获得纯度较低的颜色。互为补色的两个颜色混合调配时，比例不同，纯度降低的感觉也不同，只有双方在一定比例量的调配下，才可以获得一种纯度较低的颜色，这种颜色也叫有彩色灰色，简称灰色。有彩色灰色在美术和艺术设计中有着很大的应用价值。

二、色彩体系

1. 显色体系

显色体系是指对色相、明度和纯度加以组织，并以符号和数字加以命名。主要以色立体的形式表现。在色彩基础研究中，色相环形式是常见的一种，色相环基本形式为6色色相环，颜色分别为红、橙、黄、绿、蓝、紫6个颜色。色相环上直径两端相对应的两个颜色互为补色，故此类色相环也称为补色色相环。在6色色相环的基础上，后又发展出12色色相环、24色色相环、40色色相环和100色色相环等。色相环上表示色相的一种秩序排列及相互间的某种关系，为色彩的研究和应用带来了便利，至今仍有一定的使用价值。但随着人们对色彩研究和应用的不断深入，人们发现色相环只能表明色相的关系，它不能同时表现出色相、明度和纯度之间的关系及变化。于是，人们又研究出了色立体的形式来展示色彩的一种全面关系。色立体就是色彩研究者将色彩的色相、明度和纯度三者之间关系及变化以三维空间的形式表示出来。

（1）色立体的结构原理

色立体基本构造是用旋转直角坐标方式组成一个类似球体的立体模型。色立体的结构方式大致可以借用地球仪来加以说明：连接两极而贯穿中心的轴为色彩明度轴，表明色彩的明度变化，北极为白色，南极为黑色，球的中心为正灰色；球表面一点到中心轴的垂直线表示色彩的纯度系列，南半球是深色系，北半球是明色系；赤道线上表示色相环的位置，球表面是纯色及以纯色加黑色或加白色而形成的清色系，球内部除中心轴外是纯色加灰色而形成的浊色系，与中心轴相垂直的圆的直径两端的颜色为补色关系。虽然不同的色立体有一定差异，但基本上都是建立在这种构造原理上的。

（2）色立体的种类

目前，色立体在我国主要有三种，它们分别是蒙赛尔色立体、奥斯特互尔德色立体和日色研色立体。下面概括介绍使用较广泛的蒙赛尔色立体。

蒙赛尔（A. H. Munsell，1858—1918年），美国色彩学家和教育家。蒙赛尔于1905年发表了自己的色彩体系。经过多年科学测试和修订完善，使得这一体系广为应用。目前，美国修订出版的蒙赛尔色谱，分光泽色与无光泽色两种，每种均有40个色相与80个色相两种版本。蒙赛尔色相环如图6—14所示。

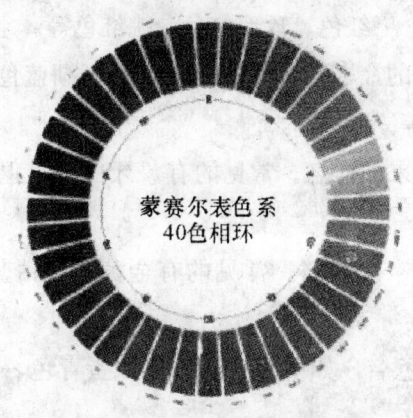

图6—14　蒙赛尔色相环

色立体及色彩体系是在科学化、标准化、系统化和实用化的基础上建立起来的。色立体及其色谱（卡）在现代产品色彩设计和工业化生产中发挥着重要作用。

2. 色名体系

色彩除了用形象向人们展示，进行一种信息传达，同时也离不开语言和文字描述进行信息传达。由于人们从不同的角度和依据出发对色彩进行语言和文字描述，由此产生了不同的色彩语言和文字描述的概念名称，即色名体系。这个体系主要有符号色名、基本色名和惯用色名等几类。

（1）符号色名

符号色名是由数字和字母对色彩的一种命名。符号色名的创立为现代色彩信息的准确交流提供了保障。

（2）基本色名

基本色名是依照日本工业规格JISZ8102制定的。基本色名是对常见色的名称界定。JISZ规定的基本色名包括有彩色和无彩色两类，有彩色基本色名包括红色、橙色、黄色、黄绿色、蓝绿色、蓝色、蓝紫色、紫色和红紫色；无彩色基本色名包括黑色、白色、灰色。

（3）惯用色名

色彩惯用色名是指人们在日常习惯中给色彩的命名,色彩惯用色名来源于人们对某种物体固有色的形象描述,因此,这种色名在人们交流色彩面貌信息时比较感性和形象,易于想象领会和产生共鸣。流行色发布使用的就是这种色名。

惯用色名有以下几个方面的命名来源:

1) 从植物颜色中得来的命名。常见的有咖啡色、棕色、紫罗兰色、藤黄色、草绿色、苹果绿色、橄榄绿色、茄紫色、丁香色、藕荷色、亚麻色、杏黄色、米黄色、橘红色、柠檬黄色、枣红色、玫瑰红色、桃红色等。

2) 从大自然中得来的命名。常见的有天蓝色、湖蓝色、月白色、雪白色、土红色、沙滩色、曙红色等。

3) 从动物颜色中得来的命名。常见的有象牙白色、猩红色、孔雀蓝色、鹅黄色、驼色、鸡血红色等。

4) 从金属颜色中得来的命名。常见的有金黄色、钴蓝色、铁锈红色、银色、古铜色等。

另有其他一些惯用色名,如军绿色、酱色、蛋青色、奶白色、墨绿色、胭脂色、粉色、肉色等。

三、色调

调子概念源自于音乐,是由音阶、旋律、节奏、音调等元素组成的音乐综合形象。色调是指色彩在色相、明度、纯度、冷暖等方面的一种总体综合倾向。

色调种类从大的方面分为无彩色色调和有彩色色调两种,在这两种色调中还可以依据色调构成因素再分出若干种类。

1. 无彩色色调

(1) 白色色调

白色色调可以全部由白色组成,也可以是由白色与很少量的其他色组成。白色色调是最为明亮的色调,白色色调体积越大,越能显示出一种非凡的气势和它特有的表情意象。白色色调具有纯洁、优雅、高贵、正直等表情意象。

(2) 高明度无彩色灰色色调

高明度无彩色灰色色调具有气质端庄、高雅、随和、大方等表情意象。

(3) 中明度无彩色灰色色调

不亮也不暗的无彩色灰色色调与高明度无彩色灰色色调相比,除具有端庄和大方的表情意象外,还多了一些沉重和冷漠感。

(4) 低明度无彩色灰色色调

低明度无彩色灰色色调通常给人以深沉、凝重、孤寂、消极、持重等方面的表情意象。

(5) 黑色色调

黑色色调具有丰富、复杂的表情意象，黑色色调在色彩设计中具有广泛的应用价值，是男女正装鞋的常用色调。黑色色调的色彩也是最容易与服装搭配的一种色调。黑色色调具有神秘、端庄、高贵、稳重、恐怖和神圣等多方面的表情意象。同白色色调一样，黑色色调的表情意象与色彩体积大小有较大的关系，体积越大，它的表情意象就越突出和明显。

2. 有彩色色调

(1) 鲜艳色色调

鲜艳色色调指的是由高纯度颜色组成的色调。鲜艳色色调分为鲜艳冷色色调、鲜艳暖色色调、鲜艳同类色色调、鲜艳对比色色调、高明度鲜艳色色调、中明度鲜艳色色调和低明度鲜艳色色调等若干种。鲜艳色色调普遍具有活泼、纯真、朝气、单纯、张扬的表情性格，但不同的鲜艳色色调的表情性格又有一定差别。例如，鲜艳暖色色调要比鲜艳冷色色调、鲜艳对比色色调要比鲜艳同类色色调、高明度鲜艳色色调比低明度鲜艳色色调看上去要显得更加强烈和突出，更富有视觉冲击力。

(2) 粉色色调

粉色指的是由白色加另外某一种颜色得出的颜色。粉色色调指的是由粉色或粉色为主构成的色调。粉色色调在各种色调中有着自己独特的表情性格和表现力，是少女和女童偏爱的色调。这种色调给人带来的表情意象是单纯、天真、温柔、浪漫、妩媚、甜美等。

(3) 灰色色调（有彩色灰色色调）

灰色指低纯度颜色。灰色色调是指由低纯度颜色组成的色调。灰色比粉色的纯度要再低一些，灰色之美在于它的内敛、含蓄、成熟、深沉、阅历感等独特的表情意象。灰色有一种不可取代的独有审美和象征价值，在色彩设计中占有重要地位，是未来色彩设计和应用的重要开拓领域。灰色色调分为暖灰色色调、冷灰色色调、同类色灰色色调、对比色灰色色调、高明度灰色色调、中明度灰色色调和低明度灰色色调等若干种。不同灰色色调在其共同的表情意象外，另有一些自己的表情和象征。例如，暖灰色色调要比冷灰色色调显得更加温馨、和蔼、亲切；同类色灰色色调要比对比色灰色色调看上去更加沉稳、平和；高明度灰色色调要比低明度灰色色调显得更明丽、朝气，高明度灰色色调给人以优雅、典雅的感觉，低明度灰色色调则给人以苍凉、忧郁、深沉的感觉。人们在灰色色调中可以得到审美与心理上的满足,并通过灰色调传达出某种意绪。

(4) 金属色色调(特性色色调)

金属色色调是指由发出金属光泽感的颜色组成的色调。最具代表性的是金色色调和银色色调。黄金作为贵重金属,在人类生活中扮演过重要角色,是财富和权力的象征。黄金的作用、功能使金色同样具有这种象征寓意。金色色调与其他色调相比具有极强的眩目性和视觉冲击性,属于一种极强色调。金色色调给人的表情意象是高贵、华丽、富有、光明、华贵、辉煌、奢侈等。

银色由于广泛应用于人类生活的各个方面,使得银色色调具有较多的表情意象。银色常见表情意象有科技、理性、精密、神圣、严谨、干练、速度、前卫、冷漠等。银色色调在色彩表现中常含有桀骜不驯、我行我素的前卫感,或是一种科技与速度感,因此银色色调多用于前卫鞋、运动鞋等色彩配色中。

四、色彩的视知觉

人的眼睛看到某种色彩后所产生的某种生理感受与反应,称为色彩视知觉。色彩视知觉的产生,一方面取决于人眼睛的视觉生理构造与机能,另一方面也取决于光色的客观表现。这种视知觉主要包括色彩的冷暖、色彩的轻重、色彩的强弱等。

1. 色彩的冷与暖

单就色彩而言,无所谓冷色与暖色,色彩的冷与暖是人类在长期的生活实践中逐步积淀出的一种色彩心理感受。例如,人类在生活中所接触到的橙红色的火和黄橙色的太阳给人以温暖,因此人们看到红色、橙色、黄色等颜色时就会产生一种温暖的感觉,因此这类颜色称为暖色。同样,人类接触到蓝色的海洋、碧绿色的湖泊时,感受到的是一种寒冷与凉爽,因此,当人们在看到蓝色、碧绿色等颜色时便会产生一种冷与凉的感觉,这类颜色我们称之为冷色。六色色相环上的紫色和绿色通常被称为中性色。

2. 色彩的轻与重

不同色相、不同明度、不同纯度以及不同肌理的颜色会给人或轻或重的心理感觉,这种感觉是人们在长期的生活实践中逐渐积淀出来的。例如,同样的明度和纯度的一个冷色与一个暖色相比,冷色要比暖色略感重一些,这是因为暖色给人以升腾的感觉,冷色则给人以冷静下沉的感觉;再如,明度高的颜色与明度低的颜色相比较会感觉轻一些,而且明度越低的颜色给人感觉越重,黑色给人感觉最重,黑色稳重、端庄、大气的感觉使它成为男女正装鞋用得最多的一种颜色;另外,纯度低的颜色要比纯度高的颜色给人感觉重一些,例如,高纯度的红色、蓝色要比低纯度的褐色、咖啡色显得轻一些；再有，粗肌理面料上的颜色要比光滑肌理面料上的颜色显得略重一些，同样是黑色，黑色绒面革要比具有光泽感的黑色粒面革给人感觉略重一些，而有一定光泽感的黑色粒面革又比高亮度的黑色漆皮革显得略重一些。

3. 色彩的软与硬

色彩可以使人产生软硬不同的视知觉心理感受，色彩的这种感觉与色彩的色相、明度、纯度都有一定关系。从色相上看，特性色银色、金色或其他有强烈光泽感的色相都给人以硬朗的感觉，因为这些颜色都使人直接联想到金属。另外，黑色也给人较硬的感觉，而粉色系列的色相，如粉红、粉黄、粉蓝等颜色则给人以柔软的感觉，正因为如此，各种粉色特别适合在温柔甜美少女穿着的色彩上使用。从色彩明度上看，明度高的颜色给人感觉较为柔软，相反，明度低的颜色给人感觉较硬，明度越低，颜色的硬的感觉越强。从色彩纯度上看，高纯度和中纯度颜色较之低纯度颜色显得柔软一些。

4. 色彩的收缩与膨胀

同样面积大小的颜色，由于色相、明度和纯度的不同会给人以大小不同的感觉。颜色的"收缩"与"膨胀"主要是由色彩的明度和冷暖两个属性所造成的。色彩的"收缩"与"膨胀"感从人的视觉生理上看是一种客观存在，但从色彩客观表现上看，这种视觉现象又是一种假象和错觉。作为一种真实的视觉感受，色彩的收缩与膨胀感在色彩设计中有着较大的应用价值。因为有收缩感的颜色可以符合当今人们追求修长、苗条的审美理想，人们通过对高筒靴巧妙的色彩设计，可以使人的小腿显得修长、苗条，而这正是多数女性所追求的。色彩的收缩与膨胀感主要受色彩的明度和冷暖两个因素影响，色彩纯度对其影响较小。在环境、大小、位置等同等条件下，冷色给人以收缩感，暖色给人以膨胀感，低明度颜色给人以收缩感，高明度颜色给人以膨胀感。

5. 色彩的华丽与质朴

人们对色彩产生华丽与质朴感源自于人们在生活中的一种色彩感受积淀。一般情况下，高纯度和有光泽感的颜色使人产生华贵、富丽的感觉；相反，低纯度和无光泽感的颜色给人产生一种质朴感，光泽度和纯度越低，这种质朴感就越强。色彩华丽与质朴感在色彩设计中有较大的应用性，因为奢华风格是色彩的一种重要造型风格，而且是经济和生活水平迅速提高后的人们普遍向往的一种风格，女晚礼鞋就是以华丽风格为其特有风格。在色彩帮面材料中，金色、银色等有强烈光泽感的金属效应革、激光革、珠光革等材料往往具有很强的华丽富贵的感觉；另外，高亮度、高纯度的多色同类暖颜色组合也可以产生一定的华丽感。色彩的质朴感主要受光泽度和纯度因素影响，色相对色彩质朴感也有一定影响。一般情况下，暖灰色相要比冷灰色相显得质朴。质朴、含蓄的灰色多用于户外穿的休闲鞋、登山靴上面。这些质朴的低纯度灰色与大自然中的土地、树干、岩石等颜色浑然一体、和谐统一，同时，这些质朴的灰色也与人们融入自然放松身心的一种恬淡平和的心境相吻合。

6. 色彩的活泼与端庄

色彩给人带来的感知、感受丰富多样，其中活泼与端庄是两种较为常见、易为人们所感知的色彩感觉。活泼、跳跃、欢快和令人兴奋的色彩多用于女时装鞋、童鞋、女晚礼鞋、运动鞋和旅游鞋上，满足人们张扬个性和寻求视觉刺激变化的要求。端庄、稳重、沉静、庄重的色彩多用于人们出入正式场合穿着的正装鞋上面，与端庄、稳重的职业装共同打扮出穿着者的一种庄重典雅的气质与精神面貌。

色彩的活泼与端庄感觉与色彩构成三属性都有关系，其中色彩的色相属性和纯度属性对这两种感觉影响最大，如红色系列色相、橙色系列色相、黄色系列色相、蓝色系列色相等都给人以强烈的活泼、欢快的感觉，而棕色色相、暗红色色相、深灰色色相、黑色色相等则给人以端庄、稳重与庄重的感觉；再如，纯度高的颜色使人产生活泼、兴奋的感觉，纯度低的颜色给人感觉沉稳、庄重，包括明度高的米色、沙滩色等灰度较高的颜色也可以使人产生端庄、沉静的感觉；另外，不同冷暖且纯度较高的颜色组合也会使人产生一种强烈的活泼兴奋感。

7. 色彩的前进与后退

色彩的前进与后退感是色彩视知觉中的另一主要感觉现象。那些看起来比实际距离近一些的颜色，可以称其为前进色；那些看上去比实际距离远一些的颜色，可以称其为后退色。视觉色彩现象属于色视错现象。视觉色彩的前进与后退产生的原因是不同色彩的波长有长短的区别，由于人眼睛的水晶体自动调节的灵敏度有限，因此，人眼对微小的光波在视网膜上成像有前后现象。光波长的颜色，如红色、橙色、黄色等因折射率低，所以在视网膜上形成内侧映象，而光波短的色，如蓝色、紫色等由于折射率高，所以在视网膜上形成外侧映象，这样就造成了暖色前进冷色后退的视知觉现象。前进色、后退色与膨胀色、收缩色之间关系密切，膨胀色常常就是前进色，后退色就是收缩色，前进色一般都是高明度色、高纯度色和暖色，后退色通常是深色、低纯度色与冷色。

第四节 平面构成基础

平面构成是人们将视觉元素（点、线、面）在两维空间（平面）上，按照一定的秩序和规律进行分解组合，从而构成一种理想形态的造型活动。

平面构成是一种既艺术又理性的形态实践创造活动，既要创造形态审美的价值，又要完成实用功利目的，平面构成在注意把握平面图形之间的比例、平衡、对比、节奏等的同时，又要追求平面图形自身所蕴涵的意义。

学习平面构成，即研究和运用各种形态的性质及视觉感觉，在于培养造型人员对形态敏锐的感受力，认识、感受和把握形态传达出来的内涵与意义。

一、形（态）的含义

形是人的视觉对物体轮廓、体量、构造上的一种感知。人们在长期的生活实践中，积累了对各种形态的认识和感觉经验，其中的许多形态认识和感觉存在共性。设计师在进行形态设计时，就是针对不同类型消费者对某种形态的共性感受去设计、组织形态，以使消费者认同和喜爱设计出的某种形态。

形从大的方面看有现实形和抽象形两种。

1. 现实形

现实形是指人们可以在现实世界中寻找出参照物的形，并且很容易感知出形的意义和内容。设计师在运用现实形进行鞋类造型设计时要注意，选择的现实形应是消费者感兴趣的一种现实形态。设计师运用现实形也可以进行一定程度的夸张和变形。现实形由于形象直观，因此其表意、象征意义清楚明确，如设计运用得好，较容易打动特定的消费者。

2. 抽象形

抽象形是指人们在现实世界中找不到参照物的形。抽象形一般可以分为几何抽象形、有机抽象形和自由抽象形三种。

（1）几何抽象形

几何抽象形是指几何学意义上的抽象形，如正方形、矩形、梯形、平行四边形、三角形、椭圆形等。几何抽象形既可以组合出一种充满情趣的图形，也可以单独使用而产生一种神秘感。

(2) 有机抽象形

有机抽象形是介于现实形和几何抽象形之间的一种抽象形态。

(3) 自由抽象形

自由抽象形是指既没有现实事物的特性，又不是几何学意义上的形，它是形式多变的各种抽象形态。自由抽象形一般有两种形式。

1) 可控制性自由抽象形。可控制性自由抽象形是指描绘的形是根据事先预想的意图来表现，做出的效果与构想能够基本保持一致。可控制性自由抽象形态由于受人为的控制把握，因此，在图形的意义传达上和形式构成美上具有一种主动性。效果控制的好坏，取决于艺术家或设计师的能力。另外，文字、字母、标志也都属于特殊的可控制自由抽象形态，用于装饰常能取得好的效果。

2) 偶然性自由抽象形。偶然性自由抽象形顾名思义是人们偶然获得的，是艺术家或设计师对形无法准确控制其效果的一种图形。对于偶然性自由抽象形态设计师或艺术家需用使用不同工具、材料和方法，有意地去追求、实验，以获得一种特殊风格的图形。偶然性自由抽象形态具有其他形态无法表现出来的视觉感染力。

3. 形的构成元素

人之所以能够感知到大千世界的各种形象，是因为各种物体由形状、大小、颜色、肌理等元素所组成。千差万别的形象也正是因为以上构成形象的元素不同所造成的。从造型设计艺术上说，设计师就是对这些形的视觉构成元素从审美、象征、材料、工艺、经济、流行、市场等各个方面综合考虑、研究和把握。设计师对视觉元素把握得好坏，是整体造型设计好坏的关键。

(1) 形态

形态是指物体的轮廓、体量和结构的一种形体形象存在。在这里它既指平面形，也指立体形。设计师对形态的认识、研究和把握主要分为两个方面，一是要认真观察、分析和积累不同形态所具有的性质及给人的心理感觉，如自由曲线（面）的舒展、轻松、自由的感觉，折线尤其是直角折线和直角面（体）给人以刚毅、坚强、固执、信心、严谨等感觉；二是要研究和发现同一形态由于位置、方向、数量（包括数量组成的形状）、颜色、大小、肌理等方面不同所呈现出的不同心理感觉。

(2) 颜色

颜色是物体形象的重要组织部分，颜色的作用、意义和感觉，前文已有简要介绍，这里不再重述。

(3) 肌理

肌理在这里是指物体表面的一种组织结构特征。从造型角度看，肌理分为视觉肌理和触觉肌理两种。例如，木头有自己特有的表面组织，因此它有自己特有的肌理；皮革同样也有自己的表面组织，它也有自己特有的肌理。通常情况下，天然物品或材料用于人们生活中的时候，保持其天然肌理比较好，如木质家具上呈现出的天然花纹，皮革天然粒面等都给人以舒服的感觉。

4. 形的关系元素

在产品设计中，形在运用时常受大小、方向、数量和位置等因素的影响，我们将这些影响形的因素称为形的关系因素。形的关系因素对形的运用效果影响很大，设计师在进行造型设计时应对这些因素同样给予重视。

二、平面构成表现元素——点、线、面

平面构成或者说平面造型总离不开点、线、面，它们是平面造型设计形象组成的根本元素，因此，也称它们为平面构成或者说平面造型三要素。对平面构成的研究及其应用，自然要对这三要素进行深入了解和把握，设计师若能控制好三要素在平面造型设计中的属性、组织等关系，那么设计师获得一个好的平面造型（构成）效果也就不难了。

1. 点

在欧氏几何学中点只是一个有位置而没有大小、长度和宽度的线与线的交叉，而在平面造型设计中点是指那些与线、面相比相对较小的形体，并且有形态、大小、颜色、肌理、明暗等差别。

单个点在平面造型设计中的一个重要性质和特点是它的位置性，也就是说单个点对位置十分敏感，同样的点在不同位置发挥的作用不一样。在对点进行设计时，其位置设计很关键，应给予高度重视。

单个点在造型设计中主要有两个作用，一是容易使人的视线凝固、集中，具有发挥显示重点的作用，也就是能把产品造型中的重点或者具有功利目的的部分突出、强调出来。单个点在整体造型设计中常能起到一种均衡造型的作用。不同形状的点，包括不同形状的线和面，都具有不同的表情性格，能引起人们不同的心理感觉，这些感觉对于产品使用者来说，是一种下意识的感觉。设计师对点、线、面、体、肌理和色彩的表情性格的准确捕捉及运用，直接关系到造型设计工作的质量。点的形态特征有：方形点给人规整、稳定、牢固、理智、静止、安定、坚毅等感觉；圆形点使人感觉圆满、充实、饱满、完美、幸福；不规则的点让人产生随意、自由、活泼、运动、洒脱的感觉。点的构成是指两个以上点的排列组合。形式主要有等间隔构成、有规律变化间隔构成、无规律变化间隔构成、线化构成和面化构成。

点的等间隔构成具有秩序、严谨和数学般的逻辑美感，但若是用得不好，会产生缺乏生气、呆板的感觉。

点的有规律变化间隔构成的特点是在统一中有变化，在严谨中有活泼感。

点的无规律变化间隔构成是凭设计师的感觉安排点的位置，这种构成能产生一种抒情感和自由感，但如果处理不好，容易出现松散、杂乱的感觉。

2. 线

线在造型设计中可以定义为宽度和长度有较大差距的形体。线的宽度加大到一定程度会接近于面，如果缩短到一定程度，它则会像一个点。因此，线是一种宽度和长度保持一定差距的形体。

与点和面相比，线是最活跃、最富有个性、最有抒情性和最易变化的视觉构成元素。

线形从大的方面可分为直线和曲线两种。常见直线有水平直线、垂直直线、斜直线，曲线有几何曲线、自由曲线等，另外还有以曲线为主的徒手线和直线为主的辐射线。

几何曲线是指由圆、椭圆、抛物线等构成的线形，其中抛物线有较好的抒情性。自由曲线与几何曲线相比缺乏规整美，但它有充满一种优雅的风范和个性的品位，如果自由曲线设计运用得好，能使一个普通产品的造型外观富有感染力。

辐射线是指围绕同一圆心或多个圆心向四周或某一方向发出辐射状的线的组织结构。辐射线具有一种力量感、辉煌感和成功感，运用到青少年穿的运动鞋和旅游鞋上能取得较好的效果。

徒手线是指不借用制图工具，用笔直接画出的线。徒手线与其他线形相比最具个性和抒情性。徒手线运用到运动鞋、旅游鞋上能使其产生一种非凡的活力和个性。

三种常见直线各有其明确的表情性格。垂直直线端庄、挺拔、严肃，具有力量感、坚定感等；水平直线稳定、平静、安详；而斜线具有很强的方向性和速度感。

线的构成形式主要有直线等间隔构成、曲线等间隔构成、直线非等间隔构成、曲线非等间隔构成，等间隔构成可以产生一种秩序、规整的感觉，非等间隔构成则呈现出运动与节奏感。

3. 面

面是线横向移动的轨迹，这是几何学对面下的定义，而造型设计要研究面的象征含义。面的主要种类有几何面、自由曲面、直线面、不规则面、徒手面和偶然面。面在鞋类造型设计中可以直接理解为具有面的性质的帮部件，因此，鞋类帮部件造型设计很多时候也可以说是一种面的造型设计与构成。

几何面的典型形态有三角形面、圆形面、正方形面等。几何形面的特点是简洁、单纯、醒目。

自由曲面是一种边缘为自由曲线构成的面，由自由曲面组成形体的产品越来越多，自由曲线和自由曲面这些形态为精神紧张、情感缺乏交流的现代人带来了一些自由感和亲切感。自由曲面具有流畅感、自由感、人情味、神秘感和轻松感。

徒手面是徒手画出的面，徒手面变化极大，可以表现出设计师的一种强烈个性和情感。

偶然面是一种不由主观精确控制的面，偶然面的形状奇异独特，具有很强的视觉吸引力。

直线面有正方形面、矩形面、三角形面等。正方形面有正直、充实、大方的特点；矩形面表现的是一种平静、稳定和严肃的感觉，当矩形面竖立起来时能产生高耸与伟大的感觉；正三角形面给人感觉稳定、刚毅，而斜置时便会产生一种不稳定感。

面的构成是指对面的分割或多个面的组合。面的分割有直线分割、曲线分割和封闭分割三种。

面的直线分割是指整体面由一条直线或数条直线分割而形成一种面的造型。在鞋类帮面上用直线分割可以产生直线面，可以传达出刚毅、自信、充实、大方的感觉。

曲线面造型是指物体造型由曲线面构成。

封闭线以封闭的状态存在于整体面中。

面的组合构成是在整体面分割的基础上，把分割后的面可以进行多种组合，以形成各种构成效果。常见的构成形式有分离、接触、局部透叠、残缺、联合、复合等。

平面构成中还有其他具有应用价值的手法，如错视通过明暗、大小、透视、分割等手法可以造成人对某个物体形态或色彩上的错觉。在鞋类产品造型中错视有较大的应用价值，如高筒靴的靴筒通过纵向装饰编织皮条的分割，使靴子不仅增加了典雅的工艺装饰美感，同时分割后的靴筒还能使女性小腿产生修长的感觉。

三、平面构成主要构成形式

平面构成主要形式有重复构成、近似构成、渐变构成、发射构成等。

选择某种平面构成形式后，设计人员首先要进行"骨架"造型设计，平面构成

"骨架"造型决定了其基本造型特点。平面构成"骨架"造型分为有规律造型"骨架"、半规律造型"骨架"、无规律造型"骨架"、单一造型"骨架"和复合造型"骨架"等种类。

1. 重复构成

重复构成是指以一个基本单元造型为主体，在某种"骨架"内重复排列的一种构成形式（见图6—15），这种排列可做方向、位置上的变化。重复构成形式具有较强的形式美感。重复构成分为简单重复构成和多元重复构成两种。

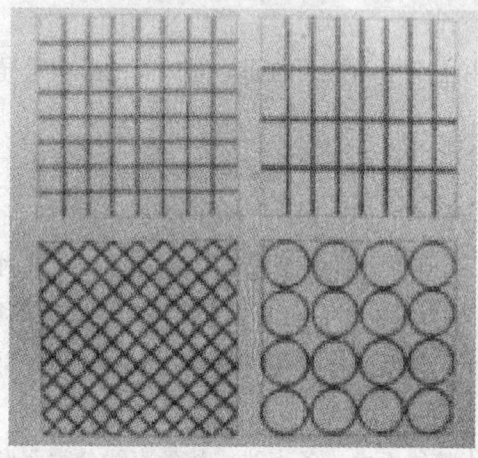

图6—15 重复构成

2. 近似构成

近似构成是指单元形之间有相似之处的一种构成形式（见图6—16）。寓"变化"于"统一"之中是近似构成的特征，在设计中，一般采用基本形体之间的相加

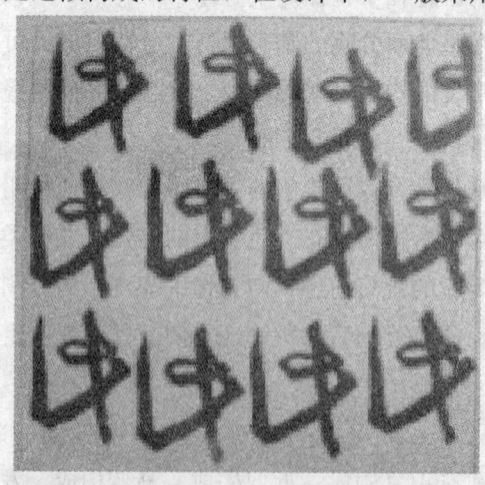

图6—16 近似构成

或相减来取得近似的基本形。

3. 渐变构成

渐变构成是指对单元形进行有规律的渐次变化所形成的一种构成形式（见图6—17）。渐变构成包括形的大小渐变、方向渐变、形状渐变、疏密渐变、虚实渐变和色彩方面的渐变。

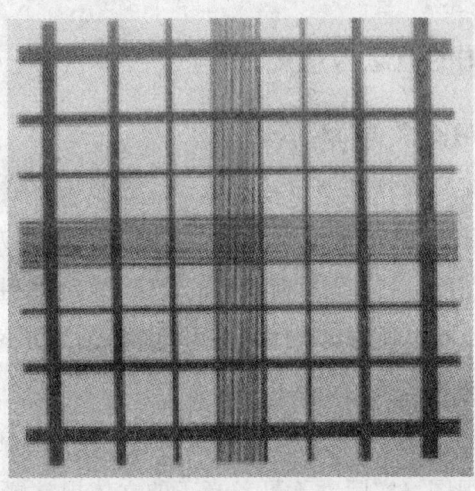

图6—17 渐变构成

4. 发射构成

发射构成是指以一点或多点为中心，然后向周围扩散的一种构成形式（见图6—18）。这种构成形式具有较强的动感和节奏感，它包括一点式发射构成、多点式发射构成和旋转式发射构成等多种形态。

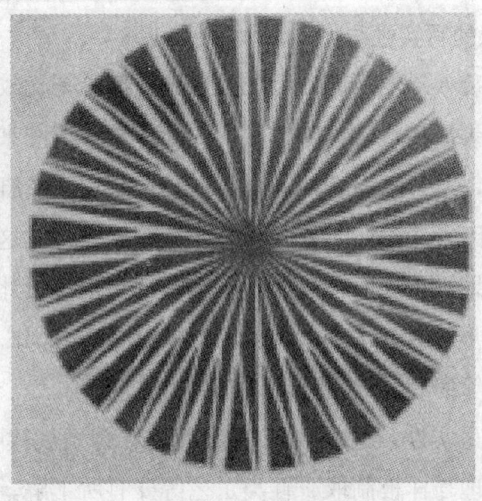

图6—18 发射构成

第五节　鞋类效果图基础

一、鞋类效果图的概念与意义

1. 鞋类效果图的概念

鞋类效果图是指鞋类设计师通过运用线条、色彩、明暗等绘画造型要素，真实、具体、形象地展现鞋类产品形态、色彩、质感、结构等方面的绘画设计图稿。之所以称为绘画设计图稿，一是它具有绘画的性质，如形象性、直观性、平面造型性，二是鞋类效果图具有很强的实用性和表达设计意图的方案性。

2. 鞋类效果图的意义

在我国制鞋行业产品设计开发中，设计人员通常需要绘制三种图。一是用单线勾画出来的所谓立体视图（实际它不具备真正的立体视觉感）；二是鞋类部件图；三是鞋类工艺装配图。鞋类效果图随着鞋类产品的工程化，发展多样化和周期的快速化，效果图形象真实已成为鞋类产品设计过程中的一个重要环节。绘制效果图是鞋类设计师应掌握的一种基本技能。

二、鞋类效果图的特征

1. 鞋类设计表现的写实性

鞋类效果图与服装效果图不同，服装效果图一般画得比较夸张，这与服装造型可塑性大和服装着装表演的特定氛围有关。相对服装效果图来说，鞋类效果图受其产品特点影响和限制，有其独有特征。鞋类产品造型由于受脚部形态、活动方式和机能、材料、工艺等因素影响，其外观形态变化幅度较小。这一特点反映到鞋类效果图上，要求鞋类效果图表现的鞋类造型应真实地表现出设计师的设计构思，其中包括鞋类形态的轮廓形、结构式样、色彩、材料质感、图案、线道、制作工艺手法、装饰工艺、饰件等所有鞋类造型组成部分。

鞋类效果图具有写实性，这就要求设计人员对脚型规律、脚的生理与运动机能、鞋类结构设计原理与样板制取、鞋类工艺等要有所了解。只有这样设计师画出的鞋类效果图（实质是设计）才能符合生产和穿用要求。

2. 鞋类设计表现角度的固定性

鞋类产品效果图与其他产品造型设计表现的效果图相比，表现角度具有相对固定性，而无须变来变去。通常情况下选择平视正外侧角度和俯视外侧 3/4 角度，这两种角度基本能满足对鞋类造型、结构和加工工艺特点的展现。当然，在需要时也可以表现鞋类里侧以及鞋类头型（式）、饰件、鞋底、后跟等局部。

3. 鞋类设计表现的工艺性

鞋类效果图最终要通过某种工艺手段转化为实物产品，这就要求鞋类效果图应对鞋类工艺加工手法、特点有较为明确的表现。如帮面上的缝线，哪些是功能线，哪些是装饰线；帮部件之间是对缝，还是反缝；对运动鞋和旅游鞋则要表现出帮部件之间互为叠压的相互关系。

三、鞋类效果图的一般工具材料

1. 纸张

鞋类效果图的用纸一般有厚图纸（150 g/m² 或以上）、白卡纸、素描纸、水粉纸、水彩纸、复印纸、有色纸等。有时为了追求特殊效果或风格，也可采用有底纹和独特肌理的纸张。从绘图效果上看，水粉表现法、水彩表现法、水质麦克笔表现法、水溶彩色铅笔淡彩法等用水做媒介的画法适宜用一些厚纸张，如 150 g/m² 或以上的厚绘图纸、水粉纸、白卡纸等。而质地细腻、均匀的复印纸则适宜用彩色铅笔去表现。

2. 笔

画鞋类效果图一般可选用铅笔、弯尖钢笔（书法钢笔）、针管笔、水粉笔、水彩笔、毛笔、依纹笔、油画笔、板刷、麦克笔、水溶彩色铅笔、记号笔（信号笔）、色粉笔等。

铅笔一般用做起稿画轮廓，硬度选择 HB 型或 B 型为宜。弯尖钢笔、针管笔、麦克笔、记号笔、彩色铅笔等较适宜画速写类的鞋类效果图，其中水溶彩色铅笔也能画写实逼真的鞋类效果图。水粉笔、水彩笔、依纹笔、油画笔都是用来涂湿颜色的，其中依纹笔用来勾画细部，较宽的各种板刷主要用来画背景。

3. 颜料

画鞋类效果图所用的颜料主要是水粉颜料和水彩颜料，其他颜料很少用。水彩颜料属透明颜料，覆盖力较差，因此，一般水彩画作画程序是由浅到深。水彩颜料的特点是色彩鲜艳度较高，颜色湿与干变化不大。

4. 其他用具

除以上纸、笔、颜料外，还需备美工刀、橡皮、三角板、曲线板等用具。

四、鞋类效果图基础表现技法

鞋类效果图基础表现技法包含两个方面：一方面是用单线对鞋类形态的描绘把握，效果基本是平面的；另一方面是用明暗调子对鞋类进行立体和质感的写实。这两种表现方法之所以被称为基础表现技法，首先在于它们对今后画好彩色效果图起着重要的基础作用，也就是说如果没有很好地掌握这种基础表现技法，也就不可能画好写实性的彩色鞋类效果图。另外，这两种表现手法实用、简洁、常用。

1. 线条表现技法

线条是绘画中最简洁的一种表现手法。设计师通过线条对鞋类造型上的把握，可以较快地表达自己的设计意图。设计师通过这种简练的表现手法，也可以收集各种鞋类的造型款式。线条表现对象的形式主要有以下两种。

（1）粗细一致的线条

粗细一致的线条在描绘鞋类中最常用，它的特点是画出的线条粗细没有变化（见图6—19）。对线条表现技法的要求有两个，一是流畅性，二是准确性，它们共同构成了鞋类线条表现的技能性。

图6—19 粗细一致的线条

（2）粗细不一致的线条

有了粗细一致的线条勾画出基础，粗细不一致的线条绘画只是在线条形式上追求一些变化，使线条绘画效果生动一些，绘画的难度并没有增加。一般情况下，最宽的线条画鞋类底部、后跟部和投影部位，稍粗一点的线条表现鞋类部件背光部，有时粗线条也是对部件材料厚度的一种表达，细线条用来表现鞋类受光部位（见图6—20）。

图6—20 粗细不一致的线条

2. 明暗调子表现技法

明暗调子表现技法是设计人员运用丰富的黑、白、灰明暗调子层次，将鞋类立体感与质感在画纸上表现出来（见图6—21）。通过明暗调子表现技法的练习，可从中体会和掌握鞋类立体感和质感的表现规律及技巧，并为画好写实性鞋类彩色效果图打下良好的基础。

图6—21 明暗调子表现

明暗调子一般表现过程：

（1）用直线或与弧线结合把鞋类轮廓画出来

画的时候要注意鞋类形态的准确性，其中包括鞋楦型具体特征、部件形状具体特征、各部位比例关系以及重要的结构线（形体转折线）。

(2) 分析鞋类各部位包括投影的黑、白、灰明暗关系

需要找出哪里最暗、次暗，哪里最亮、次亮，以及主要灰调子区域相互间的差别，做到上调子前心中有数。

(3) 在前一步骤大的明暗效果基础上进一步深入刻画

这一阶段工作顺序仍然是从大的结构处依次向小的结构处，大的部件向小的部件深入画起。深入刻画的内容主要是用丰富的黑、白、灰调子把鞋类具体结构及形态、各个部件、图案、材料质感等真实表现出来。

(4) 调整与完成阶段

进入这个阶段，调子应该从最暗处画起，然后依次推向亮部，这样有利于保持鞋类整体正确的黑、白、灰关系。

写实素描在完成阶段还要把鞋类上的许多细节刻画出来，如线迹、材料厚度、鞋眼圈的体积和质感、帮底结合处的明绷线或装饰线等。

鞋类明暗调子素描调整的内容主要有鞋类形态特征、结构、立体感和质感表现得是否正确和充分，明暗调子画得是否具有整体性，关系是否正确，以及边缘轮廓的虚实处理是否生动。

根据鞋类设计表现要求，一般选择平视正外侧角度和俯视外侧 3/4 角度两种鞋楦或鞋类形态角度进行表现。这两个角度也是彩色鞋类效果图常用表现角度。把握鞋类的这两个角度，其造型表现效果基本可以满足设计师或其他人员对鞋类造型设计的直观形象认识和感受，满足设计环节对产品造型（如形态、色彩、材质、结构、工艺特征、图案、装饰工艺等）设计的推敲或交流需要。

五、鞋类常用材料质感表现

1. 正面革

正面革通过各种工艺处理，可以呈现出各自不同的外观视觉效果，这里所要掌握的是常见的有上光涂饰层的粒面革（正面革）的表现方法。这种常见正面革质感体现在它的受光特点和肌理上，这种皮革在光线照射下，具有一定亮度的反光，肌理质地均匀细腻，把正面革的这种高光特点和肌理特点把握好，它的质地就可以表现出来。正面革适宜于喷绘、电脑制图和彩色铅笔等绘画形式表现（见图 6—22）。

2. 漆革

漆革的外观形式与它的质地有紧密关系。漆革由于在皮革的表层涂有一层光亮的涂饰层，其表面光滑明亮，因此，漆革的高光和反光都较其他皮革亮，而且高光和反光的调子过渡比较突然，区域分布多、面积大。漆革的这些受光特点，构成了

图 6—22　正面革

它特有的光亮如镜的材料质感。漆革适合用多种绘画形式表现，在不能使用电脑制图的情况下，水彩画法和水粉画法都比较便捷（见图 6—23）。

图 6—23　漆革

3. 绒面革和磨砂革

绒面革和磨砂革在工艺处理上不尽相同，但在外观视觉效果上很接近。因而在画效果图上可作一类考虑。绒面革和磨砂革在特定工艺处理下，表面肌理有绒毛或没有光亮涂饰层，这样皮革在受光时就没有高光，也基本没有反光，调子过渡比较缓慢，这些构成了这类皮革的受光特点，画效果图时要把握住这些特点，绒面革和磨砂革的质感就基本能够表现出来了。表现这类皮革用电脑制图或水粉画描绘都比较方便、快捷（见图 6—24）。

4. 油鞣革

油鞣革是一种视觉效果比较特殊的皮革，这种皮革多用来做一些风格较为粗犷的休闲鞋。油鞣革的特殊处理工艺，使这种皮革表现给人一种油脂感，受光时调子

图6—24 绒面革和磨砂革

变化微妙。在正常光线下,一般能呈现出一定的高光,但不是很亮。由浅调子过渡到高光比较缓慢,反光也比较弱。这些都是在画效果图时应该注意的问题。

5. 棉麻织物

棉织物(主要是帆布)和麻织物做鞋类面料比较常见。由于肌理的关系,这类面料没有高光,但有一定的反光。表现棉、麻织物的质感,除注意它的受光特点以外,在画的时候还要将棉麻织物的肌理给予一定的表现,才能将棉麻织物的质感表现得比较充分。表现棉织物(主要是帆布)的质感,在画稿上点一些细小的点以示织物纹理。麻织物(包括仿麻织物)纹理稍粗,简易快速的表现方法是取一块质地较细的纤维板,用水粉笔将颜色涂到纤维板上,然后轻轻将其压在画面上,效果就出来了。棉、麻类材料质感适合用水粉画表现,彩铅画也可以表现(见图6—25)。

图6—25 棉麻织物

6. 透明材料

鞋类透明面料主要有透明塑料和有网眼的无纺化纤材料两种。透明鞋面料质感表现本身比较容易。在平视正侧角度刻画时,将背景颜色画在透明帮部件上,在帮部件边缘勾画一下较浅的颜色。如果是塑料材料的帮部件,在较凸起的部位勾画一些高光,这种材料质感就基本可以表现出来。如果是网眼无纺化纤材料,将它的网眼纹理勾画一些即可。当效果图画的是3/4侧面角度时,将对面的内底轮廓勾画出来,透明材料的质感就可以表现出一些,然后再勾画出高光或网眼纹理,透明材料的质感刻画得就更加充分。透明材料质感刻画适合用有色纸表现技法和水粉表现技法(见图6—26)。

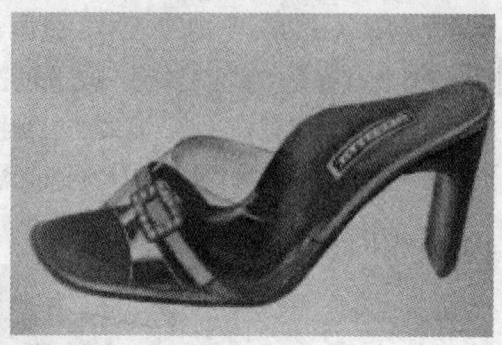

图6—26 透明材料

7. 金属饰件

鞋类金属饰件从外观效果上看,主要有高光型和亚光型。高光型金属饰件的受光特点是高光很亮,而且高光比较多和面积比较大,反光也较高,调子过渡由亮到灰再到暗较为突然。抓住这些特点,高光型金属饰件自然能呈现出它特有的质感。亚光型金属饰件与高光型金属饰件相比,它的受光特点是高光即使有,也比较暗,反光同样比较暗,在调子过渡上比较缓慢和含蓄(见图6—27)。

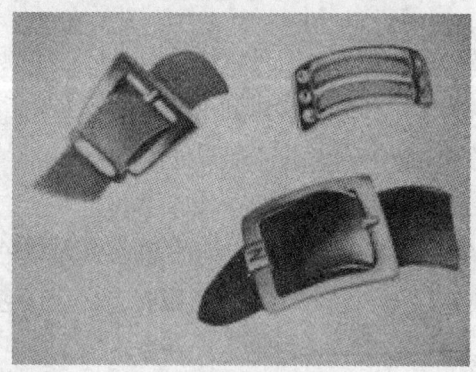

图6—27 金属饰件

六、鞋类效果图造型设计主要表现技法

1. 彩色铅笔表现技法

彩色铅笔分普通彩铅和水溶彩铅两种,国内目前生产的普通彩铅含蜡较多,不

易下色。水溶彩铅目前市场上有国内生产和国外生产两种，如果不用水溶画法，只是干画法涂调子，两者没有太大区别。

（1）彩色铅笔表现技法的特点

彩色铅笔与其他用水做媒介的湿画法相比，它的突出特点也是优点是设计师对调子的细微变化和层次的把握较为容易（见图6—28）。这跟它的硬质材料有关，设计师是靠运笔力量画出色调深浅变化。彩色铅笔表现方法的这种特点，使其在表现写实性很强的鞋类效果图方面相对好把握一些。从彩铅写实技法实质上看，掌握它主要靠素描功底，如果素描能力较差，彩铅技法效果图就无法画好。

图6—28　彩色铅笔表现

彩铅技法效果图的另一个特点，也可以说是弱点是它的颜色种类非常有限，许多彩色如灰色无法表现出来。另外，彩铅画出的颜色（主要指某些纯色）与同一种水粉或水彩画出的颜色相比，在鲜艳度上略逊一筹。

（2）工具、材料

1）笔。有彩色铅笔及水溶彩铅两种。笔的颜色有大红色、朱红色、橙红色、橘黄色、淡黄色、中黄色、土黄色、天蓝色、藏青色、浅绿色、草绿色、粉紫色、驼色、咖啡色、金色、银色、黑色、白色、灰色等。

2）纸张。彩铅画法的纸张选择，一般可根据所画材料质地、肌理来准备。如画较光滑的粒面革或漆革，可选用质地细腻、纹理均匀的复印纸；如画帆布、麻制品和绒面革，可选用质地稍粗，纹理同样均匀的素描纸等。

（3）彩色铅笔表现技法一般步骤

1）起稿、构图。用较硬的铅笔将设计构思好的鞋类款式轻轻画出来，包括重要形体结构线、鞋钎、装饰件等。要尽量做到所勾画出的鞋类款式造型符合设计要求。构图主要是把鞋类的大小和位置在画纸上安排得当,过大、过小或过偏都不好。

2) 上第一遍色。这一步骤首先根据设计构思,找准所画鞋类的基本色彩倾向,从大的结构处和暗部开始涂第一遍色。在上色过程中颜色不要一次画得过深,同时,还要注意比较不同部位暗部的明度差,将相互关系画对。

3) 上第二遍色。上第二遍色同样是从鞋类大的结构处和暗部画起,由深及浅加深一些,同时,推出一些深灰调子(指明度上)和次要结构的浅调子(指明度上),浅调子部位色相往往与暗部和深灰部的色相有些区别,需换较浅的同类色铅笔来画。

4) 上第三遍色。这一阶段既可以从重点部位开始着手刻画,也可以从大的结构处和暗部画起。这一步骤过程主要是用灰调子(指明度上)、浅调子(指明度上)较深入地刻画鞋类形体结构,以及较小的部件。在画的过程中,要注意不同部位灰调子之间的明度差。

5) 深入刻画与调整。深入刻画阶段是用丰富的调子层次与色彩去充分刻画鞋类结构、形态、质感和其他外观细节。在对鞋类深入刻画过程中,如果设计用材有高光,要注意处理和把握好,不同鞋类材质,受光特点不同。绒面革、棉、麻制品没有高光,正面革、漆革、油鞣革都有高光,但特点大不相同。高光处理把握如何,直接关系到鞋类材料质感的表现效果。

在画鞋类效果图过程中,受各种因素影响,难免顾此失彼。因而,需对其进行最后调整,需要调整的内容有鞋类的形体结构是否准确,材料质感是否表现出来,明暗关系是否具整体性等。

2. 麦克笔表现技法

麦克笔技法表现鞋类多为速写形式,这种工具携带方便,表达迅速,大效果出得快,可以用来画草图或搜集款式(见图6—29)。

麦克笔分油性、水性和酒精性三种,一般用水性即可,水性麦克笔对纸的要求较低。

麦克笔表现技法一般为两种。

(1) 明暗渐层表现法

首先,用铅笔将鞋类轮廓打好;然后,用黑色麦克笔细头勾轮廓,粗头表现阴影,通常画鞋类底部和后跟部位;最后,根据预先色彩要求,选择三四种同类色深浅不同的麦克笔,沿着鞋类长度方向和重要较大的结构部位,将最浅颜色画在鞋类头部或帮部件的高光两边,依次用较深颜色向两边推移就可以了。

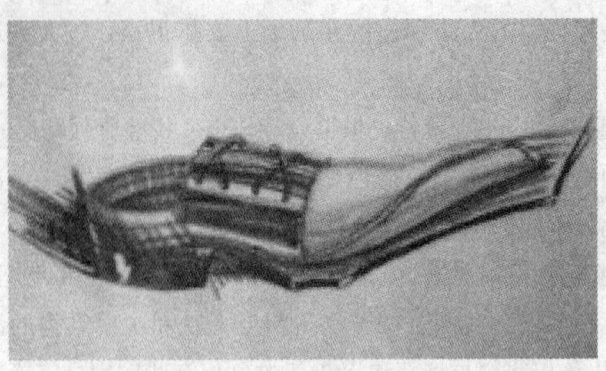

图 6—29 麦克笔表现技法

(2) 平涂表现法

平涂表现法非常简单，它能够很快表现出鞋类着色后的大致效果。这种画法表现灵活，既可以先勾画好鞋类轮廓，用所需要的颜色平涂，也可以先用麦克笔平涂上所需颜色，再用其他笔勾画出鞋类的轮廓造型。

第七章

安全生产与环境保护知识

第一节　安全生产知识

　　安全生产工作是为了防止生产劳动中发生事故，保护职工的人身安全，并使机器设备和其他财产不受毁损，以保证生产的正常进行。

　　为认真贯彻安全生产的方针，做到"生产必须安全，安全为了生产"，要做好以下几项工作。

　　第一，开展安全技术教育。要教育职工严格遵守安全操作规程，对特殊工种（电气、起重、锅炉、受压容器、电焊、运输等）经严格考试合格后方能允许操作，同时围绕某些新技术、新工艺、新产品以及新设备，按照"四懂三会"（懂工艺流程、懂设备结构、懂设备原理、懂设备性能；会操作、会维修保养、会排除故障）进行专题培训。

　　第二，建立和健全各级安全生产责任制。在生产班组要设立安全员，带动其他工人做好安全生产工作。

　　第三，对机器设备要有安全防护装置。

　　1. 保险装置

　　保险装置能自动消除危险因素，如电路中的自动跳闸，受压容器中采用的防爆薄膜，机器的负荷保险装置等。

　　2. 保护装置

　　保护装置隔离工人同机器设备的危险部分，如机器外露传动部分的齿轮、带轮和砂轮等需采用防护罩。

3. 连锁装置

连锁装置属于制约保护装置，能自动防止工人遭受危险，它可以是机械的、电气的或光电的等。连锁装置在冲床或压床中广泛使用，如冲压设备的双手柄或双按钮，在设备启动时，保证工人的双手安全。

4. 信号装置

信号装置向工人预告危险情况，有灯光信号、音响信号、指示信号等。如运输道上的红绿灯、起重运输设备的汽笛声、喇叭声等。此外，还有警告标志、指示牌等可提醒工人遵守各种安全规定。

第四，对电气设备的绝缘情况要经常检查和定期修理，并设置防护装置，防止触电事故的发生。

第五，对起重运输设备、锅炉、受压容器等特殊设备或装置，要制定安全操作规程，并严格执行。

第六，机器设备要经常维护保养，并定期检修，保证其处于正常的技术状态。

第七，合理布置工作地，使机械与机械之间，机械与厂房柱壁之间有足够的间距，便于工人进行操作和行走。

第八，抓好防火、防爆工作。

如建立严格的规章制度，配置适当的消防器材，设置必要的防爆设施，预防火灾、爆炸事故的发生和控制事故后果的蔓延。特别是对火灾危险性大的设备或工艺易燃易爆化工材料（如气焊、热处理、化工仓库等），要严格遵守防火要求。厂房设计也要符合防火标准。

第二节 劳动保护知识

劳动保护是党和国家为了保护劳动者在劳动过程中的安全和健康，在改善劳动条件、预防和消除伤亡事故和职业病等方面，所采取的各种组织措施和技术措施。它对于保护和发展生产力，充分调动职工的劳动积极性，提高劳动生产率都有着重要的作用。为此，必须做好以下几项工作。

第一，广泛进行宣传教育，提高各级领导和群众对劳动保护重要性的认识。严格执行有关劳动保护的法规和制度，使劳动者在生产中的安全和健康得到法律上的保护。

第二，企业中要设置强有力的专门机构和配备足够的专业人员，做好劳动保护的日常管理和科学研究工作。

第三，积极改善生产车间的劳动卫生条件，保障工人健康，预防职业病。要认真抓好工业"三废"（废水、废气、废渣）治理，严格防护与控制车间内的有害因素（高温、粉尘、化学气体、放射性物质等），做好通风；使生产过程自动化、密闭化；通过工艺改革，以无毒代有毒，低毒代高毒；对毒物经常进行浓度测定；对工人进行定期健康检查；对生产毒物的设备定期检修；对工作场所经常进行清洁管理等。

第四，生产车间要有良好的照明，工作面的照度要充足、均匀、恒定且无眩目，以免工人视觉紧张、容易疲劳而造成视力衰退或发生事故。

第五，生产车间要保持合适的温度、湿度、空气流通，保证工人在舒适的环境中进行操作。为此，要正确布置散热设备或隔绝热源，有条件的可采用空调设备。对高温作业工人要规定合理的工作和休息制度。

第六，防止噪声对人体听觉的伤害，以及由此引起的其他疾病，或由于分散注意力而造成的工伤事故。要设法消除或隔离产生噪声的根源，并采用合适的个人消声保护用具。

第七，加强对女工的特殊保护工作，贯彻执行对女工保护的有关政策法令。

第八，加强个人防护。对在各种不同环境和条件下工作的各类人员，发给合适的个人防护用品（如防毒面具、口罩、头盔、工作服、眼镜等）和必需的保健食品。

第三节　环境保护知识

环境是人类生存和发展的基本条件，也是发展生产的物质基础。环境保护，就是要保护人民的健康和自然资源，保护和促进生产力的发展。我国宪法规定：国家保护环境和自然资源，防治污染和其他公害。《中华人民共和国环境保护法》明确规定了国家对环境保护的基本方针政策。可见，保护环境、消除污染，是一件关系到国家、民族和子孙后代的大事，是国民经济和工业发展中的一个极为重要的战略性问题。

党的十七大报告指出:"坚持节约资源和保护环境的基本国策,关系人民群众切身利益和中华民族生存发展。必须把建设资源节约型、环境友好型社会放在工业化、现代化发展战略的突出位置,落实到每个单位、每个家庭。要完善有利于节约能源资源和保护生态环境的法律和政策,加快形成可持续发展体制机制。落实节能减排工作责任制。开发和推广节约、替代、循环利用和治理污染的先进适用技术。"

环境保护的内容很广泛,对于工业来说,主要是解决工业污染的防治问题。造成环境污染和破坏的原因虽然很多、很复杂,但任意排放工业"三废"(废水、废气、废渣)则是主要原因。

为此,每个工业企业应当把消除污染、保护环境与发展生产,放在同样重要的地位来抓,把它作为企业全面完成国家计划的一项重要考核指标来对待。反之,对污染和破坏环境,危害人民群众健康的单位、领导或个人,则要追究行政责任和经济责任,直至刑事责任。要认真贯彻党和国家所制定的环境保护方针,即全面规划,合理布局,综合利用,化害为利,依靠群众,大家动手,保护环境,造福人民。

第八章 质量管理知识

第一节 制鞋行业质量管理的特点

一、质量的概念

在国际标准 ISO 8402 中对质量的定义是：反映产品或服务满足明确或隐含需要能力的特征和特性的总和。

在合同环境中,"需要"是规定的,而在其他环境中,"隐含需要"则应加以识别和确定。"需要"可以包括合用性、安全性、可用性、可靠性、维修性、经济性和环境等方面。

"质量"术语既不用来表达在比较意义上的优良程度,也不用于定量意义上的技术评价。"相对质量"表示产品或服务在"优良程度"或"比较"意义上按有关的基准排序。"质量水平"和"质量度量"表示在"定量"意义上进行精确的技术评价。

1. 狭义的质量含义

从质量的定义中看出,狭义上的质量含义是指产品质量,就鞋类产品质量而言,它包括款式新颖、结构合理、用料考究、符合脚型、穿着舒适等,并且要求具有工艺制作精细、穿着可靠、甚至具有一定特殊功能等方面的要求。

2. 广义的质量含义

由于产品或服务质量受到相互作用的活动所构成的许多阶段的影响,如设计、生产或服务作业及维修等，因此，从广义上讲，质量应包括人员、销售、情报、生产、企业形象、企业经营与方针等多方面的内容。广义上的质量含义如图8—1所示。

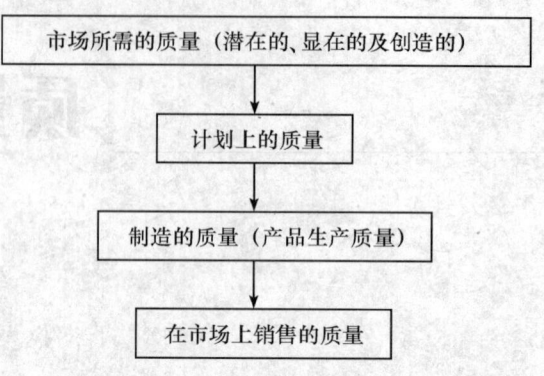

图8—1 广义上的质量含义

根据"质量"的定义，以及"相对质量"是表示产品或服务在"优良程度"或"比较"意义上按有关的基准排序，"优质产品"应包括以下几方面内容。

第一，满足消费者要求的设计质量，即目标质量或称计划质量，指的是按一定的质量目标，根据所掌握的消费者使用要求及期待的性能，设计出满足用户需求的质量，亦即产品应达到何种质量程度。

第二，严格遵照设计质量进行制作的结果质量及销售质量。结果质量也称制造质量，是指产品在制作过程中的质量，它受产品制造过程中作业人员的熟练程度、检验方法及设备性能等其他因素的影响。

如果鞋类产品在制作过程中制作工艺不熟练、设备运转不良或未按照设计的工艺要求加工，会出现设计质量与制造质量之间的差异，无法达到设计质量。

对于制鞋企业来说，来自于顾客信息反馈的销售情报质量，是质量计划和设计时最主要的依据。销售质量已逐渐成为制鞋企业竞争当中重要的砝码。

第三，具有优良的功能，同时价格也应体现在其中，即达到"优质优价"的目的。

因此，优质产品不是靠检验达到的，要保证产品质量，必须从产品设计、质量标准的制定、样品试制、成批生产、制造、销售，直到售后服务的整个过程都严格进行质量管理，以确保产品达到设计的质量目标。

二、质量管理的概念

质量管理是在质量方面指挥和控制组织的协调活动，通常包括制定质量方针和质量目标、质量策划、质量控制、质量保证和质量改进等工作。具体来说，质量管理是指为了经济地生产出满足用户需要的优质产品，而采取的各种手段和措施，是企业内各部门相互协作进行产品开发、设计、生产及售后服务，使消费者对企业制造的商品感到满意。

质量管理的工作内容包括以下几个方面。

1. 质量方针

质量方针是由组织的最高管理者正式发布的该组织总的质量宗旨和方向。

2. 质量目标

质量目标是在质量方面所追求的标准。

3. 质量策划

质量策划致力于制定质量目标并规定必要的运行过程和相关资源以实现质量目标。包括产品策划、过程和作业策划、编制质量计划，以及做出质量改进的规定。

4. 质量控制

质量控制致力于满足质量要求。

5. 质量保证

质量保证致力于提供质量要求会得到满足和信任。

6. 质量改进

质量改进致力于增强满足质量要求的能力。

三、全面质量管理的观点

1. 一切为用户服务的观点

此处提及的用户不单指消费者，也应包括企业内部相互关联的下道工序。企业必须本着为消费者服务，一切从消费者利益出发来改进产品质量，开发新品种。此外，在生产过程中，下道工序实际上也是上道工序的用户。

例如，在案板工序过程中，某定位点或定位线漏打或错打，必定影响后面镶接缝制工序的正确性，从而影响后续生产的顺利进行，令后道工序这一"用户"不满意。又如绷帮定型操作，若鞋帮定位工序质量不好，中线歪斜或鞋帮位置不到位，则会影响成鞋的产品质量，同时也影响该工序的生产进度。

由此看出，在企业内部对于上道工序来说，下道工序实际上就是它的用户，上道工序不仅要做好本工序的工作，保证本工序的质量，而且要为保证下道工序的质量提供最大的方便。

2. 预防为主的观点

如前所述，产品质量并不能完全依靠检验来保证，制造过程中的质量控制至关重要。因而，全面质量管理的一个基本观点就是把质量管理工作的重点从"事后把关"转移到"事先预防"上，即事先采取相应的措施，把设计、工艺、设备及生产过程中影响产品质量及可能造成次品的因素控制起来，形成一个稳定的、最佳的生产管理系统。实行"预防为主"这一根本方针，把不合格产品消灭在其形成过程中，保证和提高最终产品的质量。

3. 科学管理的观点

全面质量管理是现代科学技术和工业化大生产发展的产物，在执行过程中应按科学的程序办事，其科学性包括以下三个方面。

第一，实事求是，科学分析，一切用数据说话，用数据科学地反映质量问题。对管理者来说，要控制生产过程及产品质量的稳定，就要分析、判断质量的波动规律，这就需要用统计方法和图表形式，对收集来的大量原始数据进行分析、整理，从中找出具有规律性的东西，这样才能有针对性地指导和管理生产，稳定地提高生产质量。

第二，全面质量管理所遵循的 PDCA 工作循环方法是很有效的科学管理方法，既适用于质量管理中，也适用于其他方面的管理，如工序管理、作业管理等。

第三，在全面质量管理中广泛地运用新技术、新方法，如计算机、先进的测试设备和手段等，使收集整理出的数据更为可信，数据处理及统计更快捷、更方便，信息收集、反馈更迅速。

4. 讲究经济效益的观点

全面质量管理的目的就是用最经济的方法生产出用户满意的优质产品。在推行全面质量管理的过程中，应注重提高产品的质量，不断开发适合消费者需求的新款式，并注意控制成本、降低损耗，以求得到更大的经济效益。

5. "三全"的观点

全面质量管理既要控制产品质量，还要控制工作质量等其他相关内容，即实行全员、全面及全过程的质量管理工作。

此外，全面质量管理还把它的管理范围扩大到成本、数量、交货期等与企业经济效益有关的各个方面，这就是全面质量管理与传统意义上狭义的质量管理的区别之一。

四、全面质量管理的工作方法

在全面质量管理工作中，普遍采用 PDCA 工作循环的方法。PDCA 是英文

Plan（计划）、Do（实施）、Check（检查）和 Action（处理）四个阶段的缩写，它包括八个工作步骤，分别运用七种统计工具进行质量管理工作，PDCA 工作循环表见表8—1。

表8—1　　　　　　　　　　PDCA 工作循环表

阶段	步骤	内容	工作方法
P	1	找问题	检查日报表、次品管理图、直方图、控制图、排列图
	2	找原因	因果分析图（鱼刺图）
	3	找主因	因果分析图、相关图
	4	制定措施	5W2H（Why、What、Where、When、Who、How、How Much）
D	5	执行措施	很好地传达措施、按计划执行措施
C	6	检查结果	直方图、控制图、排列图
A	7	巩固措施	实行标准化
	8	遗留问题	作为下一个循环的起点

1. P 阶段——计划阶段

通过对生产管理的要素 6M（人员、材料、设备、操作方法、市场及资金）编制计划，综合制定出质量目标，并且根据这个目标拟订活动计划和实现该计划的具体方法，其中包括规定各项工作标准，如产品标准、工艺标准、管理标准等，同时明确责任和权限，计划阶段包括四个工作步骤。

（1）找出存在的主要问题

通常是运用直方图、控制图和排列图等统计工具，找出产品质量中存在的主要问题，以明确质量管理的目标。

（2）找出存在问题的原因

一般运用因果分析图，找出在产品质量中存在主要问题的原因，以便采取相应的措施加以解决。

（3）找出主要原因

可采用因果分析图和相关图等统计工具，找出影响产品质量的主要原因，以便明确采取措施的重点。

（4）制定措施

根据影响产品质量的主要原因，制定改进产品质量的具体措施，并预计它的效果。制定措施时，必须明确以下七个方面（以下简称5W2H）。

1）必要性（Why）。为什么要制定这样的计划和对策。

2）目的（What）。要达到什么样的预期目标。

3）地点（Where）。在何地具体实施这项工作。

4）完成期限（When）。什么时间是做这项工作的最佳时间，何时开始，何时完成。

5）执行者（Who）。由谁完成这项工作。

6）方法（How）。如何完成，最佳的方法是什么。

7）成本（How much）。花费多少，现在的花费及改进后的花费。

2. D 阶段——实施措施阶段

按照 P 阶段中的第四步骤所拟订的措施计划认真实施，可采用各种方法来完成，如人员调配、材料选择、机械设备调整等。在执行前，需向有关人员讲明该措施的 5W2H。

3. C 阶段——检查阶段

检查实施措施的结果，采用直方图、控制图和排列图调查实施的结果如何。一般会有两种情况产生：结果较理想——措施有效；结果不理想——措施不当，需改进。

4. A 阶段——处理阶段

把有效的措施肯定下来，并制定成相关标准；把没有解决的问题作为遗留问题，成为下一个工作循环的起点。

从厂部、科室或车间到班组，都应当进行 PDCA 工作循环，全厂围绕一个总目标，一层一层地解决质量问题，如图 8—2a 所示，大圆圈表示全厂，小圆圈表示各部门，都应不停地处于 PDCA 运转工作状态。

每完成一次循环就要修订一次标准，改善效果，再进入下一个循环，使产品质量不断提高，如图 8—2b 所示，如同上楼梯一样，PDCA 工作循环不停地向前且向上转动，全面质量管理的工作方法的生命力即在于此。

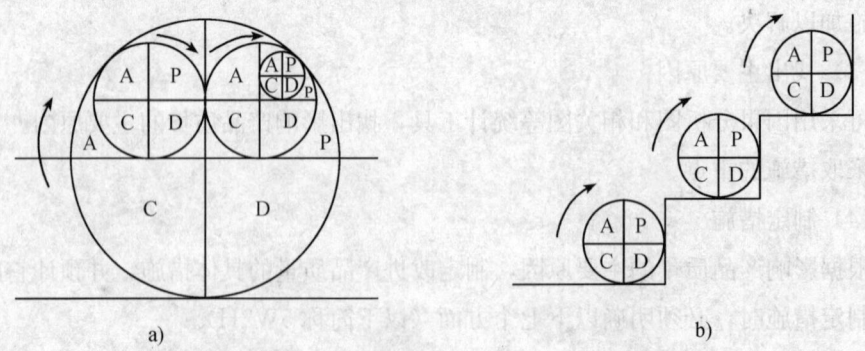

图 8—2 不停转动的 PDCA 工作循环

五、全面质量管理的工作内容

全面质量管理是对生产全过程的管理,其工作内容涉及面很广,不仅包括产品形成的全部过程,而且包括与产品生产系统有直接或间接联系的辅助生产过程,全面质量管理的工作内容如图8—3所示。

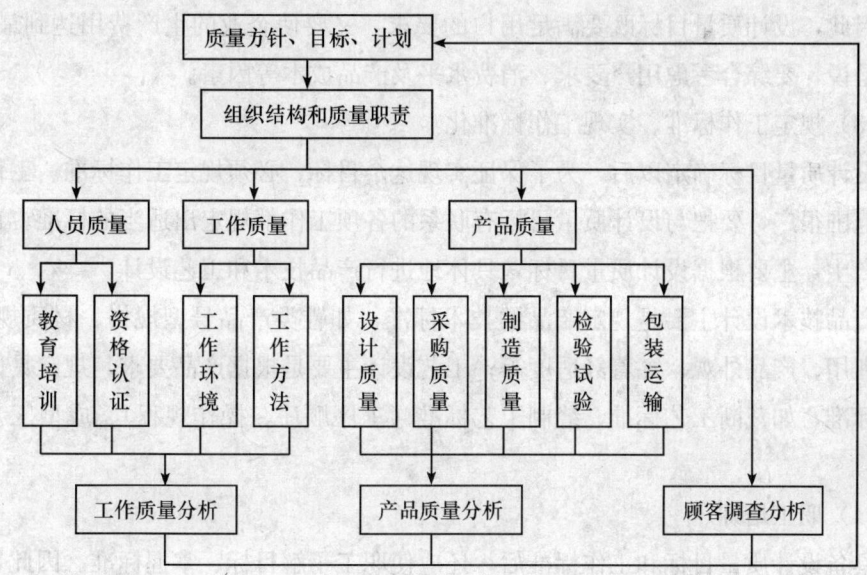

图8—3 全面质量管理的工作内容

1. 设计工程质量管理

(1) 设计质量内容

设计质量内容指的是产品在市场中的内在价值,是公司的战略性决策,通常设计质量的内容包括以下几个方面。

1) 性能。鞋类产品的主要特性或特殊功能。

2) 特征。附加到产品或服务上的各种次要的感性认识。

3) 可靠性。产品或服务出现故障的概率。

4) 耐用性。使用寿命。

5) 可维修性。修理的难易程度。

6) 响应。处理顾客问题时的特点(能力、礼貌等)。

7) 美观。对产品或服务的感知特征(感觉、视觉等)。

8) 声誉。产品曾经有的性能和其他无形价值。

(2) 确定设计质量目标

在确定设计质量目标时，应当调查和分析用户对鞋子的款式、外观、质量等方面的要求，以便确定一个合理的设计质量目标。

另外，在确定设计质量目标时，还要考虑生产费用的支出情况，设计质量太低，不能满足用户的要求，产品销不出去；设计质量过高，则给企业带来经济损失，同时由于设计质量过高，使产品的价格上升。

因此，设计质量目标既要满足用户的要求，又要使企业的生产费用达到最小，也就是说，要综合考虑用户要求、消费水平及产品成本等因素。

（3）规定工作标准、实现工作标准化

设计质量目标确定以后，为了保证实现这个目标，必须规定工作标准。工作标准的范围很广，要把与设计质量目标有联系的各项工作都规定出适当的标准。在制鞋生产中，主要根据设计质量目标，具体地进行产品技术和工艺设计。

产品技术设计主要是规定产品的技术标准，如鞋类产品号型规格、材质规定、伤残利用、产品外观、穿着舒适度等；工艺设计主要是根据产品要求，规定具体的工艺标准，如裁断工艺标准、缝制工艺标准（工序顺序、操作规程）、成型工艺标准等。

（4）职工培训

具备设计质量目标和工作标准后，还应使职工了解目标、掌握标准。因此，需要对职工进行培训，让职工对产品质量目标、产品技术标准及具体的裁剪和制作工艺有所了解并熟练掌握。

（5）综合分析，规定设计目标值的允差范围

在产品的制造过程中，由于受到设备、操作水平、生产环境等因素的影响，实际生产出的产品，不可能百分之百地达到设计目标的数值，一般围绕设计目标值上下波动，这种波动是允许的。但波动范围应当有所规定，即规定产品的允差，如鞋类产品规格尺寸的允差等。

2. 制造工程质量管理

产品质量能否达到设计质量目标的要求，在很大程度上取决于制造工程质量管理，亦即在制造过程中，是否能实现在工艺设计中所规定的各项工艺标准。

制造工程质量管理的基本任务，就是要全面控制在制造过程中影响产品质量的各种因素，使它们经常处于规定的标准状态。

制造过程中影响产品质量的主要因素有材料、设备、工艺及生产环境等，这些因素在制造过程中共同对产品质量起作用，称为质量因素。制造工程质量管理就是对这些质量因素进行管理和控制。

(1) 材料质量管理

要保证鞋类产品质量，首先要加强材料质量管理，使供应的面、辅料符合规定的质量标准。为此，必须做到以下几点。

1) 保证进厂的材料符合质量标准，通常采取以下方法。

①在材料进厂时进行质量检验，对不符合质量标准的面、辅料要求退货或赔款。

②对供货方实行质量监督和检查，即监督和检查供货方质量管理的情况，并帮助供货方开展全面质量管理活动，以提高供货方的产品质量。

2) 搞好仓库管理和厂内运输管理，使面、辅料在厂内储存和运输过程中，不破坏、不污损、不丢失等。

3) 根据产品质量的要求，对各道工序的半成品应规定明确的质量标准，加强半成品的质量管理，包括做好半成品的质量检验、储存和运输工作。建立和贯彻固定供应制度等。

(2) 设备质量管理

设备质量管理包括选择适当的设备型号、加强设备的合理使用和维修工作，使它们经常处于良好的运转状态，即在工艺设计中所规定的运转状态。如平缝机必须让其总保持在不跳针、不跳线、送布均匀的良好状态，这就需要加强设备的合理使用和日常维护保养工作，建立和健全设备的质量管理责任制度。

(3) 工艺质量管理

工艺质量管理包括确定合理的工艺流程、选择合适的工艺标准，以及严格工艺纪律等。对于制鞋企业来说，相同款式的鞋类产品，生产工艺流程随厂家的生产习惯有所改变，不同的工艺流程会影响产品的质量，对生产效率也将有很大程度的影响。另外，对于不同款式的鞋类产品，其工艺标准有所变化，在实际生产中应严格要求员工按照某产品所设计的工艺标准裁剪制作，绝对不能放松要求，从而影响产品的质量。

(4) 操作质量管理

制鞋企业的操作质量管理包括两个方面的内容。

1) 对职工进行教育和培训，如开展技术讲座、操作训练等，或开展操作标兵评比和无缺陷活动竞赛等。

2) 制定合理的操作规程以及考核制度，并严格执行。

(5) 生产环境质量管理

生产环境质量管理主要指对车间布局、温度、清洁度、光线、噪声、颜色等生产环境因素的管理。生产环境的好坏，对工人的情绪和身体健康有较大影响，间接影响产品的质量。

从总体上讲，制造工程质量管理应当确定一个最适宜的制造质量目标，最适宜制造质量目标的选择用曲线如图8—4所示，当制造质量很差（正品率很低）时，几乎不需要什么管理费用（如管理人员费用，管理手段、方法和工具等费用），但这时的损失费用却很高，如赔款、退货、返修和掉换部件等费用。

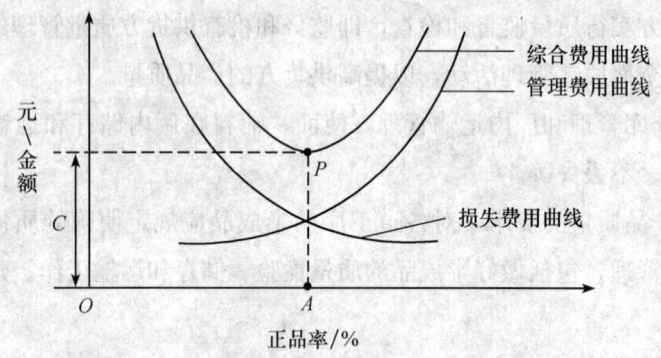

图8—4 最适宜制造质量目标的选择用曲线

随着制造质量的提高（正品率提高），所支出的管理费用会增加，若使制造质量完全符合设计质量目标（正品率100%）。所支出的管理费用就会很高，虽然这时损失费用很低，但对企业来说是不必要的，也往往是不可能的。因此，需要确定一个最适宜的制造质量目标（见图8—4中A点），以使企业所支出的综合费用达到最小（见图8—4中P点），这时的综合费用C为最低。

3. **服务工程质量管理**

（1）厂内服务工程质量管理

厂内服务工程质量管理主要指厂内的材料供应和设备等项工作的质量管理。如前所述，材料供应工作应当保证所供应的材料符合规定的质量标准，这是供应部门的工作质量问题。除此以外，还应当做到供应及时、方便、简化领用手续和送货上门等，这些均属于服务质量问题。

设备的维修保养工作应像保证产品质量一样，除确保所维修的设备符合规定的质量标准，使设备经常处于良好的状态之外，同时，还应努力做到修理及时、迅速，并尽量利用生产间歇时间进行维修，这些都属于厂内的服务质量。

（2）厂外服务工程质量管理

厂外服务工程质量管理亦即售后服务管理。当产品出厂后，还应当进行产品在使用过程中的质量管理，以便充分发挥产品的功用和改进质量。如对于一般的鞋类成品均应加入号型规格标志、材质说明等标签，对于高档鞋如胎牛皮、羊皮、鸵鸟皮等面料的鞋子，还应标明保养方法、穿用注意事项等，以便产品在使用过程中保持较高的质量，延长其使用寿命。如国内某某知名制鞋企业，为用户建立档案，产品实行终身免费维修、保养，甚至开展根据客户脚型专门定做等服务项目，使企业获得较高的信誉度。

另外，企业还应经常对用户进行追踪调查，了解产品的设计质量目标是否合理、适用，用户对产品有何意见和要求等，以得到产品款式、制作质量等方面的信息反馈。

第二节　制鞋行业质量管理体系概述

目前，我国大中型制鞋企业均按 ISO 9000 系列标准进行生产管理。因为 ISO 9000 管理体系能为企业提供一种具有科学性的质量管理和质量保证方法和手段，可用以提高内部管理水平。该系列标准的特点和优点在于能使企业内部各类人员的职责明确，文件化的管理体系使全部质量工作有可知性、可见性和可查性，产品质量能够得以保证，能够适应降低企业成本、提高竞争力、满足市场准入的要求等。ISO 9000 系列标准得到我国制鞋企业的普遍欢迎，大中型制鞋企业积极按该标准的要求建立并完善了企业的质量管理体系，并进行了认证。

我国近年来积极开展 ISO 9000 质量管理体系和 ISO 14000 环境管理体系的国际认证工作，通过认证的企业意味着该企业产品在国内外具有良好的信誉和市场竞争力。一些外销制鞋企业还通过英国鞋类认证机构 SATRA 认证。

2000 年版 ISO 9001《质量管理体系要求》标准在世界范围内得到了广泛应用，受到众多组织的关注，中国也成为名副其实的质量管理体系认证大国。我国制鞋企业内部质量管理体系基本按照 ISO 9001：2000 标准的要求建立，通过制定质量方针和质量目标，营造了一个激励改进的氛围与环境，它的具体作用如下。

第一，确保从事影响产品质量工作的人员都能胜任岗位工作。

第二，利用内部审核的结果不断发现质量管理体系的薄弱环节。

第三，利用纠正和预防措施，避免不合格产品的发生或再发生。

第四，通过在管理评审活动中对质量管理体系适宜性、充分性和有效性的全面评价，发现对质量管理体系有效性的持续改进的机会。

第五，通过数据分析找出顾客的不满意、产品未满足要求、过程不稳定等事项。

一些企业同时推行 ISO 14001 环境管理体系标准并通过认证。

第九章 相关法律、法规知识

第一节 《中华人民共和国劳动法》相关知识

《中华人民共和国劳动法》(以下简称《劳动法》)是国家为了保护劳动者的合法权益,调整劳动关系,建立和维护适应社会主义市场经济的劳动制度,为促进经济发展和社会进步,根据宪法而制定颁布的法律。从狭义上讲,《劳动法》是指1994年7月5日八届人大通过,1995年1月1日起施行的《劳动法》;从广义上讲,《劳动法》是调整劳动关系的法律法规,以及调整与劳工关系密切相关的其他社会关系的法律规范的总称。

以下对《劳动法》总的劳动合同、工作时间和休息休假、工资、劳动安全卫生、女职工和未成年工特殊保护等进行简单解析和说明,并配有部分案例以供学习参考。

一、劳动合同

1. 劳动合同的订立

劳动合同是劳动关系建立、变更、解除和终止的一种法律形式,劳动合同法律制度是劳动法的重要组成部分。劳动合同的订立必须遵循以下原则:平等自愿原则,协商一致原则,合法原则。

劳动合同的必备条款涉及七项：劳动合同期限、工作内容、劳动保护和劳动条件、劳动报酬、劳动纪律、劳动合同终止的条件、违反劳动合同的责任。

2. 劳动合同的变更

劳动合同的变更是指劳动合同依法订立后，在合同尚未履行或者尚未履行完毕以前，双方当事人依法对劳动合同约定的内容进行修改或者补充的法律行为。

(1) 只要用人单位和劳动者协商一致，即可变更劳动合同的内容。劳动合同是双方当事人协商一致而订立的，当然经协商一致可以予以变更。一方当事人未经对方当事人同意擅自更改合同内容的，变更后的内容对另一方没有约束力。

(2) 劳动者患病或者非因公负伤，在规定的医疗期满后不能从事原工作，用人单位可以与劳动者协商变更劳动合同，调整劳动者的工作岗位。

(3) 劳动者不能胜任工作，用人单位可以与劳动者协商变更劳动合同，调整劳动者的工作岗位。

(4) 劳动合同订立时所依据的客观情况发生重大变化，致使劳动合同无法履行，用人单位可以与劳动者协商变更劳动合同。

(5) 劳动者患职业病或者因工负伤并被确认丧失或者部分丧失劳动能力的；劳动者患病或者负伤，在规定的医疗期内的；女职工在孕期、产期、哺乳期内的；法律、行政法规规定的其他情形，在这四种情形下，用人单位不得依据劳动法解除劳动合同。

【案例9—1】鞋类设计师周某（乙方）与B公司（甲方）签订了5年的劳动合同。合同执行到第4年时，周某提出涨薪要求，B公司以"乙方的要求超出合同约定及公司支付能力"为由拒绝。周某在接到拒绝通知的第三天即跳槽到C公司，获得比B公司高的薪酬。周某在跳槽前未向B公司提出解除劳动合同申请。

问题：周某这么做是否合法？

分析：周某与B公司签订的劳动合同为有效合同，B公司没有出现违反劳动法的行为。《劳动法》中规定用人单位与劳动者协商一致，可以解除劳动合同，劳动者提前三十日以书面形式通知用人单位，可以解除劳动合同。

周某在未与合同甲方协商一致、未提前30天书面通知甲方的情况下，单方终止劳动合同，属违法行为。周某应按照合同约定向甲方赔偿相应的损失。

二、工作时间和休息休假

1. 工作时间

工作时间是指劳动者根据国家的法律规定，在1个昼夜或1周之内从事本职工作的时间。《劳动法》规定劳动者每日工作时间不超过 8 小时，平均每周工作时间不超过 44 个小时。

2. 休息休假时间

休息休假时间是指劳动者工作日内的休息时间、工作日间的休息时间和工作周之间的休息时间，法定节假日休息时间、探亲假休息时间和年休假休息时间等。《劳动法》规定，用人单位在元旦、春节、劳动节、国庆节以及法律法规规定的其他休息节日中进行休假。用人单位应保证劳动者每周至少休息一天。

3. 延长工作时间

延长工作时间是指根据法律的规定，在标准工作时间之外延长劳动者的工作时间，一般分为加班和加点。《劳动法》对延长工作时间的劳动者范围、延长工作时间的长度、延长工作时间的条件都有具体的限制。延长工作时间的劳动者有权获得相应的报酬。

三、工资

1. 工资分配的原则

工资分配必须遵循以下原则：按劳分配、同工同酬的原则，工资水平在经济发展的基础上逐步提高的原则，工资总量宏观调控的原则，用人单位自主决定工资分配方式和工资水平原则。

2. 最低工资

最低工资是指劳动者在法定工作时间或依法签订的劳动合同约定的工作时间内提供了正常工作的前提下，用人单位依法应支付的最低劳动报酬。在劳动合同中，双方当事人约定的劳动者在未完成劳动定额或承包任务的情况下，用人单位可低于最低工资标准支付劳动者工资的条款不具有法律效力。

【案例 9—2】王某为河南省某县农民，在某市打工。2001 年 10 月经人介绍，王某到某鞋业公司做制鞋工人，公司每月支付王某工资 600 元，并安排王某在公司的集体宿舍居住。2002 年 4 月，某市在公共场所宣传劳动法，王某听到宣传，得知当地的最低工资标准为每月 824 元，遂找到公司赵经理，要求增加工资。赵经理不同意，说：公司给王某提供住处不是免费的，而是每月从工资中扣除 200 元，发到王某手里 600 元，而且公司为工人提供免费午餐，并给工人统一购买服装，遇到加班加点还按法律规定付给加班加点费，这些费用加起来王某的每月收入早已超过 824 元，公司没有违反当地最低工资的规定。如果王某不愿意在这儿干，可以到别处去干。

问题：(1) 赵经理对公司没有违反最低工资规定的表述是否正确？为什么？

(2) 若公司的行为不符合法律规定，应承担哪些法律责任？

分析：(1) 赵经理对公司没有违反最低工资规定的表述不正确。最低工资是指用人单位对单位时间劳动必须按法定最低标准支付的工资。对最低工资应正确计算，根据《企业最低工资规定》，加班加点工资、劳动保护待遇、福利待遇等不得作为最低工资组成部分。赵经理将工作午餐、劳动保护费用、福利待遇计算在最低工作范畴内是错误的。本案中王某每月得到600元工资，没有达到当地月工资824元的最低工资标准，鞋业公司的行为已违反了法律规定。

(2) 用人单位应承担的责任有：用人单位支付劳动者的工资报酬低于当地最低工资标准的，要在补足标准部分的同时另外支付相当于低于部分25%的经济补偿。

四、劳动安全卫生

劳动安全卫生主要是指劳动保护，是指规定劳动者的生产条件和工作环境状况，保护劳动者在劳动中的生命安全和身体健康的各项法律规范，有利于保护劳动者的生命权和健康权，有利于促进生产力的发展和劳动生产率的不断提高。

劳动者的权利包括：获得各项保护条件和保护待遇的权利，知情权，提出批评、检举、控告的权利，拒绝执行的权利，获得工伤保险和民事赔偿的权利。劳动者的义务包括：在劳动过程中必须严格遵守安全操作规程，接受安全生产教育和培训，报告义务。

五、女职工和未成年工特殊保护

1. 女职工特殊保护

由于女性的身体结构和生理机能与男性不同，有些工作会给女性的身体健康带来危害，从保护女职工生命安全、身体健康的角度出发，法律规定了女职工禁止从事的劳动范围，这不属于对女职工的性别歧视，而是对女职工的保护。同时，对女职工在经期、孕期、产期、哺乳期的保护，也称为女职工的"四期"保护。

2. 未成年工特殊保护

未成年工指年满十六周岁未满十八周岁的劳动者。未成年工劳动过程中的保护包括：用人单位不得安排未成年工从事的劳动范围；未成年工患有某种疾病或具有某种生理缺陷（非残疾型）用人单位不得安排其从事的劳动范围；用人单位应对未成年工定期进行健康检查；用人单位招收使用未成年工登记制度；未成年工上岗前的安全卫生教育。

【案例 9—3】 吴某与某胶鞋生产公司签订了为期 5 年的劳动合同，其中有一条款规定："鉴于胶鞋公司本身的特殊要求，凡在本公司工作的女性工人，合同期内不得怀孕，否则企业有权解除劳动合同。"合同履行约 1 年后，吴某男友的单位建家属楼，为能分到住房，吴某与男友结婚，不久怀孕。公司得知后，以吴某违反合同条款为由做出与吴某解除劳动合同的决定。

问题： 某胶鞋生产公司能否单方解除劳动合同？

分析： 某胶鞋生产公司不能单方解除与吴某的劳动合同。为保护女职工的合法权益，我国劳动法明确规定女职工在孕期、产期、哺乳期内的，用人单位不得解除劳动合同，合同应继续履行。

除以上内容之外，《劳动法》还对促进就业、集体合同、职业培训、社会保险和福利、劳动争议监督检查、法律责任等都作了具体规定。该法律的发布和施行，对于保护劳动者的合法权益、调整劳动关系、建立和维护适应社会主义市场经济的劳动制度意义重大。

第二节 《中华人民共和国劳动合同法》相关知识

一、《中华人民共和国劳动合同法》简介

1.《中华人民共和国劳动合同法》概述

自 1998 年劳动和社会保障部成立后，便将劳动合同立法列入 21 世纪头十年中期的劳动保障立法规划。在 2005 年 10 月 28 日，国务院原则通过了《中华人民共和国劳动合同法（草案）》，并于 2005 年 11 月 26 日正式提请全国人大常委会审议。经过为期两年的讨论修改，《中华人民共和国劳动合同法》（以下简称《劳动合同法》）于 2007 年 6 月 29 日，第十届全国人民代表大会常务委员会第二十八次会议四审通过，自 2008 年 1 月 1 日起施行。

《劳动合同法》共包括八章，九十八项条款，涉及劳动合同的订立、劳动合同的履行和变更、劳动合同的解除和终止等内容。

2.《劳动合同法》的立法目的

《劳动合同法》的制定充分考虑了我国劳动关系双方当事人的情况，针对"强

资本、弱劳工"的现实，内容侧重于对劳动者权益的维护，使劳动者能够与用人单位的地位达到一个相对平衡的水平。与此同时，《劳动合同法》也并没有忽视用人单位权益的维护，它既规定了劳动者的权利义务，也规定了用人单位的权利义务；既规定用人单位的违法责任，也规定劳动者违法应承担的法律责任。通过这种权利义务的对应性，构建和谐稳定的劳动关系。

二、《中华人民共和国劳动合同法》的要点解析

1. 劳动合同要用书面形式

劳动合同不仅是明确双方权利和义务的法律文书，也是今后双方产生劳动争议时主张权利的重要依据，员工进单位工作，首先应该考虑与单位签订书面劳动合同。

《劳动合同法》中将劳动合同分为固定期限、无固定期限和以完成一定工作任务为期限的劳动合同，还规定了劳务派遣和非全日制用工两种用工形式。其中，除了非全日制用工外，其他用工形式均需订立书面合同。

针对未订立书面劳动合同的情况，《劳动合同法》作出了相应的罚则，该法规定，用人单位自用工之日起超过一个月不满一年未与劳动者签订劳动合同的，应当向劳动者每月支付二倍工资作为赔偿；当应签订而未签订劳动合同的情况满一年后，将视为"用人单位与该劳动者间已订立无固定期限劳动合同"。

2. 用人单位不得向员工收取押金

酒店、餐饮等服务行业普遍存在这样一种现象，员工一般都要统一着装上岗，而单位却以此为由向员工收取几百元不等的服装押金。《劳动合同法》对用人单位的这种行为作出明确规定，用人单位招用劳动者，不得要求劳动者提供担保或以其他名义向劳动者收取财物。

在用工过程中，如果工作服是必须穿着的，应当视为企业给员工提供的劳动条件之一，用人单位没有理由向员工收取押金。对于用人单位违法收取押金的行为，《劳动合同法》做了明确规定，用人单位违反本法规定，以担保或其他名义向劳动者收取财物的，由劳动行政部门责令限期退还劳动者本人，并以每人五百元以上两千元以下的标准处以罚款；给劳动者造成损害的，应当承担赔偿责任。

3. 试用期

有的用人单位通过与员工约定较长的试用期或者多次约定试用期，来规避对员工应尽的法律责任。《劳动合同法》对劳动者试用期限和工资都做了详细的规定，企业滥用试用期的行为得到了有效遏制。

《劳动合同法》规定，同一用人单位与同一劳动者只能约定一次试用期，试用期包含在劳动合同期限内。其中劳动合同期限三个月以上不满一年的，试用期不得超过一个月；劳动合同期限一年以上不满三年的，试用期不得超过两个月；三年以上固定期限和无固定期限的劳动合同，试用期不得超过六个月。用人单位违法约定试用期的，将由劳动保障行政部门责令改正，如果违法约定的试用期已经履行的，劳动者还可以向用人单位按规定要求支付赔偿金。

除了试用期有明确规定外，《劳动合同法》对试用期间工资也给出了明确标准，即不得低于本单位相同岗位最低档工资或者劳动合同约定工资的百分之八十，并不得低于用人单位所在地的最低工资标准。

【案例9—4】 1998年12月，张某经体检考核合格，与某布鞋厂签订了两年期的劳动合同。合同规定试用期为6个月。1999年1月，王某患急性肺炎住院两个月，共花费医疗费5 000余元。出院后，单位以张某在试用期内患病，不符合录用条件为由，作出了解除劳动合同的决定。张某遂向当地的劳动争议仲裁委员会提出申诉。

分析：这是一宗违反劳动合同法规的案件，用人单位的违法行为具有一定的隐蔽性。本案中的布鞋厂以张某患病、不符合录用条件为由，在试用期内解除了与张某所签订的劳动合同，从表面上看是对的，但实际上是不正确的。首先，单位约定的试用期违反规定；其次，张某在签订劳动合同时，经体检是合格的，其所患疾病不是原来就有的，而是由于感冒等原因导致的急性肺炎；最后，急性肺炎是可以治愈的，且本案中的张某已治愈，治愈后对其所从事的工作没有影响。因此，单位不应该以试用期内患病为由，而解除其劳动合同。

4. 劳动合同必备条款

《劳动合同法》规定了劳动合同必须具备的必备条款，与《劳动法》相比，增加了工作地点、工作时间和休息休假、社会保险、职业危害防护等重要内容，更加有利于维护劳动者的合法权益。

5. 违约金

以前，一些用人单位与员工签订劳动合同，往往以设定高额的违约金来限制员工流动，现《劳动合同法》对违约金的设定有了新规定，除两种特殊情况外，用人单位不得与劳动者约定由劳动者承担的违约金。两种特殊情况分别是：第一，用人单位为劳动者提供专项培训费用，对其进行专业技术培训并约定了服务期后，员工违反服务期约定的，应当按照约定向用人单位支付违约金；第二，负有保密义务的劳动者违反竞业限制责任或保密协议时，员工也应承担违约金责任。

【案例9—5】小田是某生产鞋部件公司的农民工，与鞋部件公司签订了为期10年的合同，合同虽然仅几十条，却规定了10多项违约金条款，有一项是如果小田跳槽，需一次性支付10万元违约金。工作半年后，小田发现另一家公司招人，开出的条件和待遇都比现在的单位好很多，他想跳槽，但面对巨额违约金，又陷入了深深的苦恼之中。

分析：为防止劳动者跳槽，不少用人单位都规定了高额违约金。按照《劳动合同法》对违约金的相关规定，除两种特殊情况外，其余一切情况包括劳动者跳槽都不再需要向用人单位支付高额违约金。不过，劳动者跳槽仍需支付一定的代价，因为《劳动合同法》第九十条规定，劳动者违反法律规定解除劳动合同，给用人单位造成损失的，应当承担赔偿责任。因此，依据《劳动合同法》的规定，该鞋部件公司约定的高额跳槽违约金是无效的，小田只要在赔偿对该公司造成的损失后就可以跳槽去另一家鞋类公司。

6. 无固定期限劳动合同

一些劳动者认为签了无固定期限劳动合同就等于捧上了"铁饭碗"，一些企业则认为与员工签订无固定期限劳动合同就不能与员工解除劳动合同了，其实这些都是对"无固定期限劳动合同"的误解。

实际上，在解除条件上，无固定期限劳动合同除了不能以合同到期为由解除外，与固定期限劳动合同无其他区别，同样可以通过双方协商或依法律规定而解除。根据《劳动合同法》的规定，若员工出现严重违反用人单位的规章制度等情况时，用人单位仍可解除劳动合同。

7. 劳务派遣用工成本提高

劳务派遣近年来因其成本低、用工灵活、便于管理的优势在我国迅速发展。劳务派遣用工形式非常普遍，但长期以来劳务派遣工的权益得不到保护，被随意克扣工资、同工不同酬等现象屡屡发生。

为了让劳务派遣工与正式员工享受同等待遇，《劳动合同法》对规范劳务派遣用工作了一系列的规定，大大提高了劳务派遣的成本，值得用工单位和被劳务派遣者注意。第一，在选择劳务派遣单位时，应与具有合法资质，注册资本不少于50万元的公司进行合作；第二，劳务派遣单位与派遣员工签订的劳动合同，期限不能少于2年，派遣员工没有工作时，派遣单位也要以所在地最低工资标准按月支付报酬；第三，派遣员工不用向劳务派遣单位、实际用工单位支付任何派遣费用；第四，被跨地区派遣的员工，其劳动报酬和劳动条件，按用工单位所在地标准执行；第五，本着同工同酬的原则，实际用工单位应当向派遣员工支付加班费、绩效奖金、提供与工作岗位相关的福利待遇；第六，派遣员工在实际用工单位连续工作的，同样适用该单位的工资调整机制；第七，实际用工单位不得使用派遣员工向本单位，或者所属单位进行再次派遣。

此外，《劳动合同法》实施后，很多用人单位为了逃避新法实施带来的高用工成本而青睐使用劳务派遣工，其实，随着国家对劳务派遣用工的不断规范，劳务派遣用工成本已经大大上升了。

三、工作中应注意的问题

1. 不签订劳动合同，对劳动者不利的地方很少，但对企业来说却有许多不利之处。

2. 用人单位最好使用劳动行政部门提供的劳动合同范本，如未使用劳动合同范本，则需注意自行设计劳动合同文本也应具备《劳动合同法》规定的必备条款，否则将由劳动行政部门责令改正，给劳动者造成损害的，还要承担赔偿责任。

3. 员工手册、企业制度最好要通过企业工会确认。

第三节 《中华人民共和国专利法》相关知识

一、《中华人民共和国专利法》概述

1. 《专利法》的概念

《专利法》是专门解决发明创造的权利归属和利用问题的法律。

自1984年3月12日颁布的《中华人民共和国专利法》（以下简称《专利法》）和1985年1月19日颁布的《中华人民共和国专利法实施细则》是建立和发展我国专利制度的法律依据，也是实行专利制度的有力保证。经过多年的贯彻实施，依照我国市场经济的发展，吸取了外国专利制度的一些成功经验，结合国情，《专利法》根据1992年9月4日第七届全国人民代表大会常务委员会第二十七次会议《关于修改〈中华人民共和国专利法〉的决定》第一次修正，根据2000年8月25日第九届全国人民代表大会常务委员会第十七次会议《关于修改〈中华人民共和国专利法〉的决定》第二次修正，根据2008年12月27日第十一届全国人民代表大会常

务委员会第六次会议《关于修改〈中华人民共和国专利法〉的决定》第三次修正，现予公布，自 2009 年 10 月 1 日起施行。

《专利法》共包括八章七十六项条款，涉及专利法授权专利的种类，专利权的归属，授予专利权的条件，专利权申请的审查和批准，专利权的期限、终止和无效，专利实施的限制许可和专利权的保护等。

2. 专利法规定的专利种类有三种

发明专利、实用新型专利和外观设计专利。

发明是指对产品、方法或者其改进所提出的新的技术方案。发明专利申请实行早期公开、延迟审查制度，保护期限为二十年，自申请日起算。

实用新型是指对产品的形状、构造或者其结合所提出的适于实用的新的技术方案。实用新型专利申请实行初步审查制度，保护期限为十年，自申请日起算。

外观设计是指对产品的形状、图案或者结合以及色彩与形状、图案的结合所作出的富有美感并适于工业应用的新设计。外观设计专利实行初步审查制度，保护期限为十年，自申请日起算。

申请人应结合发明创造的技术水平、商业价值、市场寿命、费用等情况考虑申请何种专利更为适宜。

3. 《专利法》的立法目的

《专利法》的立法目的是为了保护专利权人的合法权益，鼓励发明创造，推动发明创造的应用，提高创新能力，促进科学技术进步和经济社会发展。

依法保护发明创造，为科学技术发明创造提供了一个法律保护的环境，使科学技术发展得到了有效的保障。国家授予发明人或合法受让人以专利权，法律授予他在一定期限内对该项发明有专有权，专利人的发明就有了法律保障，任何人都不得非法侵犯其专有的权利。对于违反专利法，侵犯他人专利权的行为，将会受到法律的制裁。

二、授予专利权的条件

1. 不违反国家法律、社会公德，不妨碍公共利益。
2. 专利法规定的不授予专利权的内容和技术领域

(1) 科学发现。

(2) 智力活动。

(3) 疾病的诊断和治疗方法。

(4) 动物和植物品种。

(5) 用原子核变换方法获得的物质。

对以上第（4）项所列产品的生产方法，可以依照专利法授予专利权。

3. 授予专利权的发明和实用新型应当具备新颖性、创造性和实用性

新颖性是指在申请日以前没有同样的发明创造在国内外出版物发表过、在国内公开使用过或者以其他方式为公众所知，也没有同样的发明或者实用新型由他人向国家知识产权局专利提出过申请并记载在申请日以后公布的专利申请文件中。创造性是指同申请日以前已有的技术相比，该发明有突出的实质性特点和显著的进步，该实用新型有实质性特点和进步。实用性是指该发明或者实用新型能够制造或者使用，并且能够产生积极效果。

4. 授予专利权和外观设计，应当同申请日以前国内外出版物上公开发表过或者国内公开使用过的外观设计不相同或者不相近似，也不得与他人在先取得的合法权利相冲突。

三、专利的申请、审查和批准

1. 专利的申请

申请专利是一种法律程序，申请专利的发明人要想快速而稳妥地获得专利权，取得法律上的保护，可委托专利事务所的专利代理人为发明人提供法律和技术上的帮助，发明人一旦与专利代理人建立委托代理关系，专利代理人则是发明人的技术顾问和专利律师。

发明人与专利代理人建立代理委托关系后，应按照代理人的要求提供撰写专利文件所必需的详细技术资料；详细技术资料包括发明创造的目的、新旧技术对比、主要技术特征及实施发明创造目的的具体方案，以及能说明发明创造目的的图样等。如发明人不会制图或不能提供必需的详细技术资料，可直接向专利代理人口述，专利代理人可根据发明人的发明意图为其完成专利申请的全过程，直到获得专利权。

委托专利代理机构申请专利的程序。委托专利代理机构申请专利一般要经过以下几个步骤。

(1) 咨询

1) 确定发明创造的内容是否属于可以申请专利的内容。

2) 确定发明创造的内容可以申请哪一种专利类型（发明、实用新型、外观设计）。

(2) 签订代理委托协议

此时签订代理协议的目的是为了明确申请人和专利代理机构之间的权利和义务，主要是约束专利代理人对申请人的发明创造内容负有保密的义务。

（3）技术交底

1）申请人向专利代理人提供有关发明创造的背景资料或委托检索有关内容。

2）申请人详细介绍发明创造的内容，帮助专利代理人充分理解发明创造的内容。

（4）确定申请方案

代理人在对发明创造理解的基础上，会对专利申请的前景做出初步的判断，对专利授权可能性很小的申请将建议申请人撤回，此时代理机构将会收取少量咨询费，大部分申请代理费用将返还申请人。若专利授权前景较大，专利代理人将提出明确的申请方案、保护的范围和内容，在征得申请人同意的条件下开始准备正式的申请工作。

（5）准备申请文件

1）撰写专利申请文件。

2）制作申请书文件。

3）提交专利申请并获取专利申请号。

（6）审查

中国专利局会对专利申请文件进行审查，在审查过程中专利代理人会进行专利补正、意见陈述、答辩、变更等工作。如有需要，申请人应该配合专利代理人完成以上工作。

（7）审查结论

中国专利局根据审查情况将会做出授权或驳回审查结论，这一过程的时间一般为：外观设计6个月左右，实用新型10~12个月，发明专利2~4年。

（8）办理专利登记手续或复审请求

如果专利申请被授权，则根据专利授权通知书的要求办理登记手续，领取专利证书。如果专利申请被驳回，则根据具体的情况确定是否提出复审请求。至此，专利申请过程结束。

2. 专利申请的审查和批准

国务院专利行政部门收到发明专利申请后，经初步审查认为符合《专利法》要求的，自申请日起满18个月，即行公布。国务院专利行政部门可以根据申请人的请求早日公布其申请。

发明专利申请自申请日起3年内，国务院专利行政部门可以根据申请人随时提出的请求，对其申请进行实质审查，申请人无正当理由逾期不请求实质审查的，该申请即视为撤回。

发明专利申请经实质审查没有发现驳回理由的，由国务院专利行政部门做出授予发明专利权的决定，发给发明专利证书，同时予以登记和公告，发明专利权自公告之日起生效。

四、专利权的期限、终止和无效

发明专利权的期限为20年，实用新型专利权和外观设计专利权的期限为十年，均自申请日起计算。专利权人应当自被授予专利权的当年开始缴纳年费。

有下列情形之一的，专利权在期限届满前终止。

1. 没有按照规定缴纳年费的。
2. 专利权人以书面声明放弃其专利权的。

专利权在期限届满前终止的，由国务院专利行政部门登记和公告。

关于专利无效是由国务院专利行政部门公告授予专利权之日起，任何单位或者个人认为该专利权的授予不符合《专利法》有关规定的，可以请求专利复审委员会宣告该专利无效，由国务院专利行政部门登记和公告。

五、专利权的保护

专利权的保护是指专利权的法律效力所涉及的发明成果技术范围，即专利权所覆盖的发明的技术特征和技术幅度，专利权的保护范围是判断专利侵权的标准。我国《专利法》对发明、实用新型和外观设计规定了不同的保护范围，发明或者实用新型专利权的保护范围以其权利要求的内容为准，说明书及附图可以用于解释权利要求的内容。权利要求书所记载的技术特征是专利权的保护范围，任何擅自利用权利要求书所描述的技术特征，就构成侵权。

外观设计专利权的保护范围以表示在图片或者照片中的该产品的外观设计为准，简要说明可以用于解释图片或者照片所表示的该产品的外观设计。只要他人在照片或图片中显示的产品上使用和照片或图片上相同的外观设计，就构成侵权。

因此，专利申请人为了有效地保护专利权，首先依赖于专利的有效性，同时要认真制作专利申请文件，具体的是权利要求和说明书及附图。

第四节 《中华人民共和国商标法》相关知识

一、商标法的概念

商标是商品的生产者、经营者在其制造、加工、拣选或者经销的商品上或者服务的提供者在其服务商采用的，区别商品或者服务来源的由文字、图形或者其组合构成的，具有显著特征的标志。

商标法就是调整商标管理中权利义务关系的法律规范的总和。

《中华人民共和国商标法》（以下简称《商标法》）是1982年8月23日第五届全国人民代表大会常务委员会第二十四次会议通过，1983年3月1日起施行的，根据1993年2月22日第七届全国人民代表大会常务委员会第三十次会议《关于修改〈中华人民共和国商标法〉的决定》第一次修正，根据2001年10月27日第九届全国人民代表大会常务委员会第二十四次会议《关于修改〈中华人民共和国商标法〉的决定》第二次修正。

《商标法》共有八章，六十四项条款，涉及商标注册申请，商标注册的审查和核准，注册商标的续展、转让和使用许可，注册商标争议的裁定，商标使用的管理，注册商标专用权的保护等。具体条款内容参见《商标法》。

二、《商标法》的立法目的

《商标法》的立法目的是为了加强商标管理，保护商标专用权，促使生产、经营者保证商品和服务质量、维护商标信誉，以保障消费者的利益，促进社会主义市场经济的发展。凡是依法经商标主管部门核准注册的商标，其商标注册人享有商标的专用权，受法律保护。

三、注册商标专用权的保护

保护商标专用权是指用法律手段制止、制裁一切商标侵权行为，以保护商标人对其商标的专有使用权。运用法律手段保护专用权，维护商标权人的合法权益，是健全商标法制的重要环节，是社会主义市场经济的重要保障。

《商标法》第51条对商标专用权力范围作了明确规定："注册商标的专用权，以核准注册的商标和核定使用的商品为限"，这是区别和判断是否侵权商标专用权的界限，其他人未经商标所有人许可不能在与注册商品相同或同类似的商品上使用与注册商标相同或近似的商标。《商标法》第52条规定："有下列行为之一的均属侵犯注册商标专用权。"

1. 未经商标注册人的许可，在同一种商品或者类似商品上使用与其注册商标相同或者近似的商标的。
2. 销售侵犯注册商标专用权的商品的。
3. 伪造、擅自制造他人注册商标标识或者销售伪造、擅自制造的注册商标标识的。
4. 未经商标注册人同意，更换其注册商标并将该更换商标的商品又投入市场的。
5. 给他人的注册商标专用权造成其他损害的。

有本法第52条所列侵犯注册商标专用权行为之一，引起纠纷的，由当事人协商解决；不愿协商或者协商不成的，商标注册人或者利害关系人可以向人民法院起诉，也可以请求工商行政管理部门处理。工商行政管理部门处理时，认定侵权行为成立的，责令立即停止侵权行为，没收、销毁侵权商品和专门用于制造侵权商品、伪造注册商标标识的工具，并可处以罚款。当事人对处理决定不服的，可以自收到处理通知之日起十五日内依照《中华人民共和国行政诉讼法》向人民法院起诉；侵权人期满不起诉又不履行处理决定的，工商行政管理部门可以申请人民法院强制执行。进行处理的工商行政管理部门根据当事人的请求，可以就侵犯商标专用权的赔偿数额进行调解；调解不成的，当事人可以依照《中华人民共和国行政诉讼法》向人民法院起诉。

对侵犯注册商标专用权的行为，工商行政管理部门有权依法查处；涉嫌犯罪的，应当及时移送司法机关依法处理。

参 考 文 献

1. 李松林等. 中国鞋号及鞋楦设计. 北京：中国轻工业出版社，1988
2. 邢德海，邓启明，陈为梁，沈但礼等. 中国鞋业大全. 北京：化学工业出版社，1998～2000
3. 高士刚，王化琴等. 皮革材料. 北京：中国轻工业出版社，1994
4. 高士刚，于百计. 皮鞋结构设计. 北京：中国轻工业出版社，2006
5. 弓太生. 皮鞋工业学. 北京：中国轻工业出版社，2001
6. 王玉奇. 鞋用橡胶塑料加工设备. 北京：中国轻工业出版社，1986
7. 骆合理. 北京皮革. 中国鞋讯
8. 廖隆理. 制革工艺学（上）——制革的准备与鞣制. 北京：科学出版社，2001
9. 白坚. 皮革工业手册——制革分册. 北京：中国轻工业出版社，2000
10. 杨文杰. 皮鞋工艺学. 北京：中国轻工业出版社，2005
11. 弓太生. 皮鞋工艺学. 北京：中国轻工业出版社，2007
12. 皮鞋中专教材编写组. 皮鞋中专教材. 北京：轻工业出版社，1988
13. 丁绍兰. 革制品材料学. 北京：中国轻工业出版社，2003